湿地保护修复与可持续利用丛书

丛书资助：长江上游湿地科学研究重庆市重点实验室
本书为重庆大学煤矿灾害动力与控制国家重点实验室重点基金项目"采煤塌陷地新生湿地演变生态动力学及调控研究"
（2011DA105287—DZ201402）成果

Study on Biodiversity of New Created Wetland in
Coal Mining Subsidence Area

采煤塌陷区
新生湿地生物多样性研究

■ 袁兴中　侯元同　张冠雄◎著

科 学 出 版 社

北 京

图书在版编目（CIP）数据

采煤塌陷区新生湿地生物多样性研究 / 袁兴中，侯元同，张冠雄著.—北京：科学出版社，2018.6
　　（湿地保护修复与可持续利用丛书）
　　ISBN 978-7-03-057896-9

　　Ⅰ.①采… Ⅱ.①袁… ②侯… ③张… Ⅲ.①煤矿开采-地表塌陷-沼泽化地-生物多样性-研究 Ⅳ.①Q16

中国版本图书馆 CIP 数据核字（2018）第 126804 号

丛书策划：朱萍萍

责任编辑：朱萍萍　赵晓静 / 责任校对：邹慧卿

责任印制：张欣秀 / 封面设计：有道文化

编辑部电话：010-64035853

E-mail：houjinlin@mail.sciencep.com

科学出版社 出版
北京东黄城根北街 16 号
邮政编码：100717
http://www.sciencep.com

*北京教图印刷有限公司*印刷

科学出版社发行　各地新华书店经销
*

2018年6月第 一 版　开本：720×1000　B5
2018年6月第一次印刷　印张：14
字数：221 000

定价：85.00 元
（如有印装质量问题，我社负责调换）

丛书编委会

主　任：马广仁

成　员（以姓氏笔画为序）：

　　　　罗世伟　田　昆　杨　华　袁兴中

　　　　张　洪　张明祥　赵洪新

丛 书 序

　　湿地是重要的生态系统，是流域生态屏障不可缺少的组成部分，具有重要的生态服务功能，包括涵养水源、水资源供给、气候调节、环境净化、生物多样性保育、碳汇等。近年来，经济社会的高速发展给湿地生态系统带来了巨大压力和严峻挑战。随着人口急剧增加和经济快速发展，对湿地的不合理开发利用导致天然湿地日益减少，功能和效益下降；捕捞、狩猎、砍伐、采挖等过量获取湿地生物资源，造成湿地生物多样性丧失；盲目开垦导致湿地退化和面积减少；水资源过度利用，使得湿地蓄水、净水功能下降，顺应自然规律的天然水资源分配模式被打破；湿地长期承泄工农业废水、生活污水，导致湿地水质恶化，严重危及湿地生物生存环境；森林植被破坏，导致水土流失加剧，江河湖泊泥沙淤积，使湿地资源遭受破坏，生态功能严重受损；气候变化（尤其是极端灾害天气频发）给湿地生态系统带来了严重威胁。长期以来，一些地方对湿地资源重开发、轻保护，重索取、轻投入，使得湿地资源不堪重负，已经超出了湿地生态系统自身的承载能力。为加强湿地保护和修复，2016 年 11 月，《国务院办公厅关于印发湿地保护修复制度方案的通知》（国办发〔2016〕89 号）提出了全面保护湿地、推进退化湿地修复的新要求。

　　加强湿地保护修复和可持续利用是摆在我们面前的历史任务。如何保护、修复湿地、合理利用湿地资源，需要科学指导，需要生态智慧，迫切需要湿地保护修复及可持续利用理论与实践应用方面的指导。针对湿地保护修复和可持续利用，长江上游湿地科学研究重庆市重点实验室和重庆大学湿地生态学博士点的专家团队组织编写了本套丛书。丛书的编著者近年来一直从事湿地保护、修复与可持续利用的研究与应用实践，开展了系列创新性的研究和实践工作，取得了卓越成就。本套丛书基于该团队近年来的研究与实践工作，从流域与区域相结合的层面，以三峡库区腹心区域的澎溪河流域为例，论述全域湿地保护与可持续利用；基于河流尺度，系统阐述具有季节性水位变化的澎溪河湿地生物多样性；对受水位变化影响的工程型水库湿地——汉丰湖进行整体生态系统设计研究；从生物多样性形成和维持机制角度，阐述采煤塌陷区新生湿地生物多样性及其变化；在深入挖掘传统生态智慧的基础上，阐述湿地资源的可持续利用。

湿地是地球之肾，也是自然资产。对湿地认识的深入，推动我们从单纯注重保护，走向保护-修复-利用有机结合。保护生命之源，修复自然之肾，利用自然资产。保护，为人类提供生命保障系统；修复，为我们优化人居环境；利用则是为长远生计、永久可持续——这就是我国湿地保护与可持续利用的必由路径。组织出版一套湿地领域的丛书是一项要求高、费力多的工程。希望本丛书的出版能够为全国湿地保护、修复、利用和管理提供科学参考。

马广仁

2018 年 1 月

前　言

生物多样性对人类的生存和发展具有重要意义，是人类社会赖以生存和发展的重要基础。湿地是地球表层的重要组成部分，是水陆相互作用形成的自然综合体，是自然界生物多样性最丰富的生态系统和人类最重要的生存环境，被誉为"生命的摇篮""物种基因库""地球之肾"。煤炭开采会导致地表移动、变形，造成大面积地表塌陷，浅层地下水上涌，降水汇集，地表积水，土壤潜育化，并逐渐生长水生植物，形成湿地，这就是典型的采煤塌陷区新生湿地。

2014 年以来作者对山东省邹城市太平采煤塌陷区的调查表明，该区域所在的华北平原农耕区是几千年的传统农耕地带，地处暖温带，地形起伏不大，空间环境异质性较低，一直被视作生物多样性较贫乏的区域。对山东省邹城市太平采煤塌陷区新生湿地的研究表明，在 $10km^2$ 塌陷区有维管植物 392 种、植被类型 55 个群系，其中水生植被 33 个群系、鸟类 125 种；而在同样面积的对照区（农田）只有维管植物 74 种、植被类型 8 个群系，其中水生植被 1 个群系、鸟类 24 种。由此表明，由采煤塌陷形成湿地后，该地区动植物种类丰富，成为生物多样性热点区域，新生湿地生物的种类丰度和多样性远远超出预估。

近年来，随着采煤塌陷地生态修复工作的开展，采煤塌陷地得到了一定程度的治理，采煤塌陷区新生湿地的保护及合理利用得到了一定程度的重视。但采煤塌陷区新生湿地极其脆弱，过度的人为干扰、水资源利用不当、有害生物入侵等均可导致新生湿地生态系统的健康受损甚至衰退，产生难以恢复的后果。因此，对大面积采煤塌陷区新生湿地进行生态保护和恢复重建已迫在眉睫。如何因势利导，化害为利？我们不能只看到采煤塌陷可能产生的一些次生地质环境灾害问题，更应该看到采煤塌陷区新生湿地的形成和丰富独特的生物多样性给我们带来的生态机遇。

因此，迫切需要系统、深入地研究采煤驱动下塌陷地的生态演变规律，尤其是采煤塌陷区新生湿地的形成和发育演变，系统探讨采煤塌陷区新生湿地生物多样性的特征、形成和维持机制。这些研究不仅对揭示采煤对生态环境的影响机制、阐明采煤塌陷区新生湿地生态系统演变的动力学机制、创新煤矿灾害生态动力学及调控理论具有重要的理论和应用价值，而且对区域生物多样性保护具有重要的现实意义。

本书作为一本有关采煤塌陷区湿地生物多样性研究的专著，围绕"采煤塌陷区新生湿地生物多样性"的主题，进行了相关内容的探讨。全书共八章。第一章介绍了采煤塌陷区新生湿地的形成及国内外研究现状。第二章分析了研究区域的生态环境概况。第三～第五章是关于采煤塌陷区新生湿地维管植物多样性、底栖无脊椎动物多样性和鸟类多样性的研究成果。第六章探讨了采煤塌陷区新生湿地生态服务功能及生物多样性维持机制。第七章论述了采煤塌陷区新生湿地生物多样性保育。第八章主要从主流化和可持续利用两个方面阐述了采煤塌陷区新生湿地生物多样性可持续管理。

本书是作者在承担重庆大学煤矿灾害动力与控制国家重点实验室重点基金项目"采煤塌陷地新生湿地演变生态动力学及调控研究"（2011DA105287—ZD201402）以及大量实地研究的基础上编写而成的。全书由袁兴中组织编写和统稿，项目组成员对本书撰写提供了大力帮助和支持，各章撰写执笔分工如下。

第一章绪论由袁兴中编写，第二章研究区域生态环境概况由王惠、王萍、袁兴中编写，第三章采煤塌陷区新生湿地植物多样性由侯元同、张冠雄、袁兴中编写，第四章采煤塌陷区新生湿地底栖无脊椎动物多样性由张冠雄、舒凤月、袁兴中编写，第五章采煤塌陷区新生湿地鸟类多样性由张乔勇、袁兴中、刁元彬编写，第六章新生湿地生态服务功能及生物多样性维持机制由袁兴中编写，第七章采煤塌陷区新生湿地生物多样性保育由袁兴中、侯元同、张乔勇编写，第八章采煤塌陷区新生湿地生物多样性可持续管理由袁兴中编写。

由于采煤塌陷区新生湿地生物多样性是一个全新的课题，国内外尚没有成熟的理论和方法体系可供借鉴。加之采煤塌陷区新生湿地生态环境问题错综复杂，给这方面的研究带来了巨大的挑战。在书中，我们力图反映采煤塌陷区新生湿地生物多样性研究的最新进展，尽量完整地阐明采煤塌陷区新生湿地生物多样性的重点。尽管还有许多问题需要进一步完善，但我们希望本书对采煤塌陷区新生湿地生物多样性保护能起到积极的作用。

袁兴中

2018 年 1 月

目 录

图版

第一章 绪 论

第一节 生物多样性概念

一、生物多样性概念构架

生物多样性（biodiversity）是指生物种的多样化和变异性以及物种生境的生态复杂性。生物多样性是生物经过数十亿年自然进化的结果，对人类的生存和发展具有重要意义，是人类社会赖以生存和发展的重要基础，为人类的生存提供了不可或缺的生物资源，同时也构成了人类生存与发展的生物圈环境。对人类社会的可持续发展，包括经济、文化、艺术、休闲娱乐、科学研究等，具有极其重要的意义。

我国拥有丰富的生物多样性。在全球高生物多样性国家和地区排名中，我国位于第八位，居北半球之首。但由于我国人口基数较大，农业开垦历史悠久及对自然资源的过度、不合理开发利用，近50年来，我国约有200种植物灭绝。在640种世界性濒危物种中，我国就有156种，约占总数的1/4。[①]由此，生物多样性成为科学领域的一个热点问题。

生物多样性包含遗传多样性、物种多样性、生态系统多样性。遗传多样性是地球上生物个体所包含的遗传信息总和，是基因水平上的多样性，指生物种群内部和种群之间的遗传变异。不同种群之间或同一种群内部由于基因突变、自然选择或其他原因往往在遗传上存在差异。物种多样性是指地球上多种多样的生物种类，反映物种水平上的多样性，表征了一定区域内物种数量及其分布特征，是生物多样性研究的基础。生态系统多样性则是指生物圈中生物群落、

---

① 数据来源：张维平. 1998. 生物多样性与可持续发展的关系. 环境科学，19（4）：92-96.

生境和生态过程的丰富程度，是生物多样性研究的重点。

物种多样性包括 α 多样性、β 多样性和 γ 多样性。α 多样性包括物种数目或丰富度、物种分布的均匀度两方面的含义。物种数目或丰富度（richness）指一个群落或生境中物种数目的多寡，物种的均匀度（evenness）指一个群落或生境中全部物种个体数目的分配状况。β 多样性可以定义为沿着环境梯度的变化物种替代的程度。不同群落或某环境梯度上不同点之间的共有种越少，β 多样性越大。测定 β 多样性具有重要意义，因为它可以指示物种被生境隔离的程度，可以用来比较不同地段的生境多样性。β 多样性与 α 多样性一起构成了总体多样性或一定地段的生物异质性。γ 多样性是指一个区域的总体物种多样性。

二、生物多样性梯度变化

地球上有些地区的生物种类极其丰富，如热带雨林；而有些地区的生物种类却极其稀少，如沙漠和极地。探索不同区域生物多样性差异出现的原因一直是生态学家研究的核心问题，也是一个巨大的挑战。在地球表面，随着环境因素的梯度变化，生物多样性呈现各种梯度格局，包括纬度梯度、海拔梯度等。

1. 纬度梯度

从热带到寒带，随着纬度的增加，生物群落的物种多样性有逐渐减少的趋势。例如，北半球欧亚大陆季风气候区域从南到北，随着纬度增加，植物群落依次出现为热带雨林、亚热带常绿阔叶林、温带落叶阔叶林、寒温带针叶林、寒带苔原，伴随着植物群落有规律的变化，物种丰富度和多样性逐渐降低。

2. 海拔梯度

在大多数情况下，物种多样性与海拔呈负相关，即随着海拔的升高，群落物种多样性逐渐降低。

3. 深度梯度

在海洋或淡水水体中，物种多样性有随深度增加而降低的趋势。

4. 时间梯度

大多数研究表明，在群落演替的早期，随着演替的进展，物种多样性增加。在群落演替的后期，当群落中出现非常强的优势种时，物种多样性会降低。

第二节　采煤塌陷区生态环境变化

在我国一次性能源消耗结构中，煤炭长期保持在 70% 左右的比例。在今后相当长的时期内，这个比例不会有明显减小。煤炭生产在带来巨大经济效益、推动经济社会发展的同时，也给生态环境带来极大的压力。随着煤炭的大量开采，因开采导致的塌陷区逐渐增多。采煤造成的地表变形和塌陷破坏了采煤区域内的居民建筑物，如地面塌陷导致房屋开裂，对居民人身安全产生了严重威胁。采煤塌陷导致地表变形，破坏了耕地、矿区地表水体和生态系统结构，影响了矿区及周边地区居民的生活。采煤的生态环境影响主要表现为环境污染型影响和生态破坏型影响两方面。采煤对矿区生态系统的影响表现在很多方面，包括矿坑废水污染、矿区废气污染、矸石山堆占土地、植被破坏、地表开裂、房屋破坏、地表塌陷、土地利用格局改变、生物多样性衰退等。

在煤炭开采造成的生态环境破坏中，以地表塌陷的影响范围最广。采煤导致地表塌陷的生态环境影响包括耕地破坏、地表水体及生态系统结构破坏，塌陷积水后由农田转变为水域湿地。研究表明，每采出 1 万 t 煤，造成塌陷土地面积 0.24hm^2。截至 2006 年年底，我国煤矿开采累计造成采空塌陷面积超过 90 万 hm^2。

地表环境由大气、水、植被和土壤四个要素构成。地表环境是地球表层的多相物质体系，而植被、土壤和水则是地球表层环境最鲜明的反映和标志。采煤造成的地表塌陷不同程度地损害了土壤、水、植被等人类赖以生存的基本环境要素。

采煤塌陷后会形成大面积、长期积水的塌陷地，以各种形式进入水体的重金属易造成水体污染，并导致矿区生态环境恶化。此外，随着矿区综合治理的不断深入，对煤炭开采塌陷区通过改造进行水产养殖，煤矸石被充填于塌陷区，水体和土壤中超标元素通过生物的富集和转换均会对人群产生近期或远期的危害。统计资料显示，我国因采煤引起成规模的地表塌陷面积巨大，全国每年采煤塌陷所造成的经济损失以亿元计。以淮南矿区为例。1992 年淮河以北的潘集一矿、潘集二矿、潘集三矿陆续投产。到 1998 年，3 个矿总塌陷面积为 2966hm²，并且以每年 144～196hm² 的面积增加。淮河以南的老矿区到 1992 年总塌陷面积达到 4607km²，至 1998 年增加到 6536hm²，增加了 41.87%。[①]随着煤矿的开采，地面塌陷区水域（习称"塌陷塘"或"塌陷湖"）逐渐形成并不断扩大。煤矿塌陷塘水深一般为 3～10m，老的塌陷塘水深超过 20m（如淮南谢家集矿区塌陷塘最大水深达 21.1m）。有的塌陷塘已形成了较大规模的塌陷湖泊，发展速度快得令人吃惊。塌陷塘不断扩展，致使矿区生态环境不断恶化，有的矿区已出现富营养化塌陷塘或严重污染的塌陷水域。

我国煤炭资源开发中心经历了一个由东向西的迁移过程。东部地区煤炭资源开采最早、历史最长，如淮南、徐州、兖州等地区，采煤历史已有半个多世纪。东部地区大部分为河流冲积平原区，如河南、鲁西南、两淮、冀中煤炭基地以及东北三江平原区等，地表水系丰富，地下潜水位较高，土壤肥沃，耕地面积广阔，村庄人口密集。长期、高强度的煤炭开采严重地改变了这些地表生态系统的演变进程。主要表现在：地下煤层采出后，地表发生塌陷，流域地形由平原变得坑洼不平，由于地下潜水位埋深较浅，塌陷后潜水位上升，诱发土壤盐渍化；重度塌陷后形成大面积积水洼地，农田转变为水域环境。

煤炭资源开采对流域生态影响将持续累积，整个流域生态系统组成、结构、功能演变的采煤驱动力也将日益增强。在华北平原采煤区，多年煤矿开采造成大面积地面塌陷。根据塌陷地面沉降深度可将采煤塌陷区分为深塌陷区、中度塌陷区和浅塌陷区。深塌陷区塌陷深度大于 4m，土地受地面塌陷影响大，大范围积水，土地变得坑坑洼洼，无法耕种，土地资源破坏极其严重。中度塌陷区塌陷深度在 2～4m，由于地面塌陷，大面积土地变成斜坡或波浪形，破坏土地资源。浅塌陷区塌陷深度小于 2m，分布在深塌陷区和中度塌陷区之外的区域，土地变形，破坏耕地。采煤导致的地面塌陷对区域生态环境的影响是复合性的，其复合叠加问题可在全方位、多层面显现，从而使采煤塌陷区的生态保护与恢复重建工作显得极为复杂，挑战更严峻。在煤炭资源蕴藏丰富的流域，煤炭资源的强烈开采严重破坏了水土资源，对小流域水文、土地利用、植被覆

① 数据来源：彭苏萍，王磊，孟召平，等.2002. 遥感技术在煤矿区积水塌陷动态监测中的应用——以淮南矿区为例. 煤炭学报，27（4）：374-378.

盖、景观等生态要素产生了巨大影响，显著改变了流域生态系统。深入、系统地研究采煤塌陷驱动下的地表生态演变规律，评价采煤塌陷对采掘区地表生态的影响，对保护区域生态平衡、实现水土资源可持续利用具有重要意义。

目前，我国煤炭资源开采的生态影响研究主要集中在矿区范围，矿区是人为划分的边界，生态系统和生态过程的完整性长期被忽视，缺乏从生态系统角度来研究采煤对生态演变的影响。

第三节　采煤塌陷区新生湿地概念

湿地（wetland），就字面含义而言，是指被浅水层所覆盖的低地，如沼泽地带。一般人认为，湿地是长满水草、杂乱无章的潮湿区域或沼泽地。最早关于湿地的定义之一，且目前常常被湿地科学家和管理者引用的是由美国鱼类及野生动物管理局（United States Fish and Wildlife Service，FWS）在 1956 年提出来，发表于《美国的湿地》报告集（通常称为"39 号通告"），即"湿地是指被浅水和有时为暂时性或间歇性积水所覆盖的低地"。湿地较综合的定义是美国鱼类及野生动物管理局在 1979 年提出的，即湿地是处在陆地生态系统和水生生态系统之间的过渡区，通常其地下水位达到或接近地表，或者处于浅水淹没状态"。1971 年，英国、加拿大和苏联等国在伊朗的拉姆萨尔签订了《关于特别是作为水禽栖息地的国际重要湿地公约》（即《国际湿地公约》）。该公约规定，湿地的含义包括：各种天然或人工的、长久或暂时的沼泽地、湿原、泥炭地或水域地带；静止或流动的水域；淡水、半咸水或咸水；低潮时水深不超过 6m 的水域。

从湿地生态学角度来看，湿地是介于陆地与水生生态系统之间的过渡地带，并兼有两类系统的某些特征，其地表为浅水覆盖或其水位在地表附近变化。湿地的三个突出特征是：①地表长期或季节性处在过湿或积水状态；②生长有湿生、沼生、浅水生植物，生活有湿生、沼生、浅水生动物和适应其特殊环境的微生物群；③发育水成土，并具有明显的潜育化过程。

煤炭的大量开采导致地面移动、变形乃至破坏，最终形成大规模的塌陷地带，由于浅层地下水和大量雨水的汇入，形成了面积大小不等的塌陷水域，并沼泽化形成新生湿地。采煤塌陷区新生湿地已成为矿区一种特殊的地表生态系统。据统计，2008 年济宁市的采煤塌陷地面积约有 $1.7 \times 10^4 hm^2$，占山东全省的 53.8%；预计到 2020 年，济宁市的采煤塌陷地面积将达到 $4.3 \times 10^4 hm^2$。邹城市太平镇位于山东省西南部的兖州煤田太平采煤区。从 20 世纪 70 年代初期至今，历经 40 多年的开采，该地区形成了大面积地下采空区。80 年代后地表开始下降，造成大面积地面塌陷，地下水上涌，加上降水汇集，地表积水，土壤潜育化，并生长水生植物，形成湿地。本书作者认为，这属于典型的因采煤形成的"采煤塌陷区新生湿地"。由于地下煤层采出，上覆岩土在重力和应力作用下发生弯曲变形、断裂、位移导致地面塌陷下沉，而地下水位较高地区在地下潜水渗入、天然降水滞留、矿井水排入等因素的综合作用下，形成不同深浅、大小的塌陷水面，其原有的生态系统消失，演变为采煤塌陷后的湿地生态系统（图 1-1）。

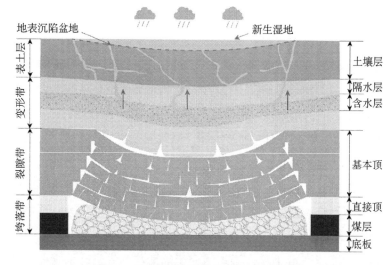

图 1-1　采煤塌陷区新生湿地形成示意图

采煤塌陷型湿地的物理、化学、生物过程不同于一般的天然湿地和人工湿地，其结构、功能和稳定性受到更多人为因素的干扰。主要体现在：①动态的开采活动导致塌陷型湿地在时空上不具备稳沉性。②塌陷前大多为农田的土地经过长期施肥后作为湿地基底，对水中藻类等水生动植物繁殖、水体质量具有一定影响。

兖州煤田太平采煤塌陷区新生湿地特征典型，其湿地结构、功能及生态过程潜藏着很多科学问题，是采煤塌陷灾害控制生态调控和塌陷区新生湿地生态系统动力学极为关注的综合研究区域，也是我国采煤塌陷区新生湿地颇具代表性的生态系统。

第四节　采煤塌陷区新生湿地生物多样性研究概况

一、采煤塌陷区生态环境研究

采煤塌陷区地表塌陷受破坏后，原生生态系统遭到破坏，地表组成物质结构发生改变。地表环境的改变不仅影响陆地生态系统的物质循环，同时还影响土壤、植被、水资源及生物多样性等自然要素，从而影响社会和经济的可持续发展。

地表环境由大气、水、植被和土壤四个要素构成，对于塌陷地所造成的生态环境影响的研究主要关注土壤、水和植被。国外研究塌陷区地表环境是基于土壤复垦开始的。Seils 等（1992）、Datta 等（2002）的研究表明，塌陷改变了土壤密度，影响了土壤孔隙度和理化性质，甚至导致土地荒漠化，耕地能力丧失，在土壤"水分变化"过程中加剧了水分的蒸发，地下水位下降，严重影响了生态健康。我国对于采煤塌陷地土壤的研究较多。刘细元等（2006）的研究表明，采煤塌陷可造成采空区上层岩层断裂，使高潜水地区产生地下水位相对上升的现象，使地表形成类似沼泽湿地形态。陈龙乾等（2002）通过对兖州矿区塌陷农田的研究发现，开采造成的塌陷对耕地表层土壤影响较大，在塌陷区农耕地的土壤中表现出砂质化现象。

陈晓晴和高良敏（2016）以淮南大通湿地为例，研究了采煤塌陷对生态环境的影响。研究表明，淮南矿区土地塌陷后造成地表大面积积水，耕地面积还在逐年减少；地下煤层的长期开采造成地面塌陷，塌陷水域面积不断增加，塌陷区周围的建筑物等发生变形或破坏；而在山区，采煤塌陷还会引起一系列的地质灾害,如山体滑坡、泥石流等。随着煤炭资源的不断开采,塌陷面积不断增大,搬迁的村庄和人数会越来越多,造成的社会问题也更加复杂。

地处安徽省淮南市西北部的淮南煤矿,由于多年的采煤活动,加上当地河网众多,地下水位较浅,已导致矿区产生了大面积塌陷和积水,塌陷积水区水体已成为当地不可忽视的地表水资源。陈军对安徽省淮南煤矿潘一矿采煤塌陷区水体重金属污染进行了研究,发现研究区水体中重金属铜、铅、锌、镉、铬含量在四个季节中均没超过国家Ⅰ类水标准,而铁含量在春季和夏季没超过国家Ⅰ类水标准,但在秋季和冬季均超过了国家Ⅴ类水标准;浓度高值区域的污染可能来自泥河上游潘一矿污水的排入、塌陷区西岸煤矸石山和贮灰场的淋溶作用及周围农业生产活动。

卞正富(2004)在徐州矿区的研究表明,开采塌陷后研究区的上坡土壤养分因子各项指标普遍低于对照田,而在研究区的下坡位置高于对照田,但上、下坡的养分与开采塌陷前的差异不显著。

孟磊(2010)对潘北矿塌陷盆地土壤侵蚀的研究结果表明,塌陷盆地最大土壤侵蚀模数比塌陷前增加78%,侵蚀模数增加显著的地区位于塌陷盆地边缘,在塌陷不积水的情况下,区域总侵蚀量比塌陷前增加23%,塌陷积水减少了区域内土壤侵蚀发生面积,使区域总侵蚀量仅增加0.4%。

二、采煤塌陷区新生湿地及生物多样性研究

目前对采煤塌陷区新生湿地的研究较少,现有研究主要是关于湿地水环境、土地复垦及利用方面的,对采煤塌陷区新生湿地生态系统演变、生物多样性方面的研究很少。

常江等(2017)的研究认为,由于人类采矿活动产生的采煤塌陷型湿地是我国东部高潜水位地区的一类特殊湿地。目前,对于采煤塌陷型湿地,国内出现"采空沉陷湿地""矿区塌陷塘水体""矿山湿地"等名称,尚未形成统一的概念界定。采煤塌陷型湿地多形成于中、高潜水位地区,主要分布在中东部黄淮海平原的河北省、河南省、安徽省、山东省和江苏省,主要成煤期为石炭-二叠纪,重要矿区有开滦、峰峰、兖州、枣庄、平顶山、郑州、徐州、淮北、淮南等,均为井工开采。其中,山东省兖滕地区、安徽省两淮地区、江苏省徐

州地区等煤炭基地或资源枯竭地区采煤塌陷较严重。采煤塌陷型湿地在结构特征、沉降深度、容积大小上存在不同程度的差异，可依据不同分类标准划分为不同类型的采煤塌陷型湿地。

高波等（2013）研究了采煤塌陷区积水对土壤氮素的矿化过程，发现煤炭开采导致大面积的土地塌陷，使大量耕地出现常年积水或季节性积水，对塌陷地土壤氮素矿化过程产生一定影响，淹水对土壤氮素矿化过程有显著的促进作用。

目前，对采煤塌陷区新生湿地的生物多样性研究主要集中在塌陷地水域中的浮游植物、浮游动物及底栖无脊椎动物的研究。浮游植物及浮游动物对水环境变化反应敏感，尤其受水体的温度、pH 值、溶氧量、营养盐含量等影响较大，因此常作为水体污染的重要指示物种。

巩俊霞等（2016）研究了采煤塌陷区池塘夏季的浮游植物群落结构，调查了采煤塌陷区池塘高温季节浮游植物群落的组成和变动规律。结果显示：共检出浮游植物 8 门 112 个属种，其中绿藻门种类最多；浮游植物密度为（5.44～136.30）× 10^6ind/L，平均密度为 $40.18×10^6$ind/L，其中蓝藻的密度最大，其次为绿藻、硅藻和隐藻，裸藻、甲藻和金藻的密度较小；生物量为 3.82～77.97mg/L，平均生物量为 20.36mg/L，其中裸藻的生物量最高，其次为硅藻、甲藻和隐藻。采煤塌陷区池塘浮游植物多样性指数（H'）为 2.16～3.95，均值为 3.04；均匀度（J）为 0.44～0.85，均值为 0.64；物种丰富度指数（d）为 3.37～5.45，均值为 4.30。H'、J、d 均处于较高水平，说明池塘浮游植物种类较多，群落结构稳定，分布均匀。结果表明，采煤塌陷区池塘水体环境质量属于清洁水平。

方文惠等（2007）对安徽淮南煤矿塌陷新生湿地水域中浮游动物及浮游植物的系列研究表明，相对于自然湿地，塌陷水域中理化因子及营养盐差异较大，季节变化趋势不同，浮游动物及浮游植物在不同季节受水体影响较大。

易齐涛等（2016）研究了淮南采煤塌陷湖泊浮游植物功能群的季节演替及其驱动因子，于 2013～2014 年分 4 个季度采样并分析了 3 个湖泊浮游植物功能群组成、季节演替规律及其与环境和生物因子的关系。结果显示，3 个湖泊的浮游植物种类可归入 16 个功能群，其主要优势功能群反映了小型富营养化湖泊水体的生境特征。PXPJ 春季 S1、X2 和 Y 为主要优势功能群，分别以伪鱼腥藻（*Pseudanabaena* sp.）、具尾蓝隐藻（*Chroomonas caudata* Geitler）和卵形隐藻（*Cryptomonas ovata* Ehr.）为代表种属。随后 3 个季节 C（以链形小环藻为代表）为第 1 优势功能群，以链形小环藻（*Cyclotella catenata*）为代表物种。PXGQ 春、夏、秋 3 个季节均以伪鱼腥藻为代表的 S1 功能群占绝对优势地位，冬季向以 C（以链形小环藻为代表）和 D（以尖针杆藻为代表）为主的功能群演替。PXXQ 春季 X2 和 Y 为主要优势功能群，分别以具尾蓝隐藻和卵形隐藻为代表，夏、秋季以伪鱼腥藻为代表的 S1 功能群占据优势地位，冬季向以 C（以链形小环藻为代表）和 E（以长锥形锥囊藻为代表）功能群为主的群落结构演替。水温和光照条件是驱动淮南采煤塌陷湖泊浮游植物功能群季节演替的关键环境因子，而营养盐和生物因素是导致 3 个湖泊功能群组成差异的重要原因。

纪磊等（2016）对淮北煤矿区塌陷湖大型底栖无脊椎动物群落结构进行了研究，选取典型采煤塌陷湖——淮北市乾隆湖和临涣湖为研究对象，开展大型底栖无脊椎动物群落结构及水质生物学评价研究，共采集到大型底栖无脊椎动物 26 种，隶属于 3 门 5 纲 17 科。乾隆湖和临涣湖年平均密度分别为 230.85ind/m^2 和 215.80ind/m^2，年平均生物量分别为 56.11g/m^2 和 36.38g/m^2。两湖大型底栖无脊椎动物以摇蚊幼虫、霍甫水丝蚓和苏氏尾鳃蚓为优势类群，底栖无脊椎动物最高密度均出现在夏季（乾隆湖为 278.0ind/m^2，临涣湖为 288.2ind/m^2）；生物量则主要以软体动物和水生昆虫为主，夏季和秋季大型底栖无脊椎动物生物量明显高于春季和冬季。BI 生物指数评价的结果表明，乾隆湖和临涣湖春季和冬季处于轻度污染状态，夏季和秋季处于中度污染状态。

李晓明等（2015）对淮北煤矿区塌陷湖水生昆虫群落结构的调查表明，相对天然湖泊，采煤塌陷形成的封闭湖泊水生昆虫群落结构单一，多样性较低。对淮南浅水塌陷区域藻类研究表明，塌陷水体中藻类群落结构单一，其季节变化受水质营养状况影响较大，可成为水体内营养盐及有机物污染水平的指示物种。

叶瑶等（2015）研究了采煤塌陷对地表植物群落特征的影响。对陕西省神府东胜补连塔煤矿采煤塌陷区不同塌陷年限（2 年、7 年、12 年、17 年）区域和未塌陷区域（对照）植被进行抽样调查与分析表明：该区域共有 14 科 39 属 46 种植物，主要为草本植物；采煤塌陷对植被种类组成、物种分布有很大影响，导致植物种类显著减少 31.03%～44.83%。塌陷区优势种较对照区有较大变化，优势种由多年生草本植物演变为一二年生草本植物，但是不同塌陷年限区域植物优势种基本稳定。

张乔勇等（2017）将山东省邹城市的兖州煤田太平采煤区作为研究区域，进行了采煤塌陷区新生湿地鸟类群落及多样性研究，对该区域 6 处不同年份的采煤塌陷区新生湿地和临近区域的非塌陷区（对照区）鸟类种类、数量、多样性进行了调查研究，共记录鸟类 105 种，隶属 15 目 39 科，其中留鸟 29 种、旅鸟 45 种、冬候鸟 5 种、夏候鸟 26 种。6 处新生湿地鸟类数量、多样性均显著高于对照区，表明采煤塌陷区新生湿地已经成为鸟类（尤其是湿地鸟类）重要的栖息地。分析结果表明，非塌陷区（以农田为主）鸟类以食虫鸟为主；塌陷区生境结构复杂，鸟类以肉食性鸟类和食虫鸟为主，且处于不同塌陷时期的新生湿地，其鸟类功能群变化明显。地表塌陷后，由农田向新生湿地发育过程中，生境多样性和异质性的增加使得生物多样性大大提升。

王雪湘等（2010）研究了唐山市采煤塌陷区生物多样性现状。研究发现，该湿地内共有维管植物 79 科 211 属 327 种；野生植被中的被子植物处于优势，总数为 173 种，占该湿地物种总数的 52.9%，其中包括国家二级保护植物野大豆。芦苇、菰、香蒲等均为构成水禽栖息场所的重要挺水植物；浮水植物有槐叶萍、睡莲、荇菜等；沉水植物有金鱼藻、狐尾藻等。湿地内动物资源丰富，鸟类有 14 目 27 科 49 种，哺乳类有 3 目 3 科 3 种，爬行类有 1 目 1 科 2 种，两栖类有 1 目 2 科 3 种。鸟类中的古北界种处于优势地位，且候鸟超过鸟类总数的 50%。

第五节　本书的背景、意义和重点内容

一、背景及意义

目前我国煤炭资源开采的生态影响研究主要集中在矿区范围。矿区是人为划分的边界，生态系统和生态过程的完整性长期被忽视，缺乏从生态系统的角度来研究采煤对生态演变的影响。在华北平原，采煤导致的塌陷区面积正在快速增加。以位于山东省西南的济宁市为例，兖州煤田的开采导致济宁市地表大面积塌陷，以每年新增 4 万亩①塌陷地的速度快速发展。这些采煤塌陷区形成后，积水形成塌陷塘（湖），发育形成典型的采煤塌陷区新生湿地。对采煤导致的塌陷塘、水域湿地的水环境、重金属污染及浮游生物、水生植物等生物要素有一些零星的研究，但对其生态系统及其演变的研究很少，已有的少量研究内容不全、深度不够，与实际需要有较大差距。特别是在我国东部平原地区，对采煤导致的水环境变化、土壤环境变化、生态系统变化等一系列生态效应缺乏系统、深入的探讨。2014 年以来，作者对位于华北平原兖州煤田的邹城市太平采掘塌陷区进行了多次调查研究，不仅发现塌陷 10 年以上的土地形成典型的湿地，而且塌陷仅 1 年的地表，积水后典型的湿地植物快速生长发育起来，如金鱼藻、黑藻、菹草、眼子菜等沉水植物及芦苇、香蒲、藨草等挺水植物。与湿地植物的发育相伴，浮游生物和底栖无脊椎动物也出现在塌陷区新生湿地区域。这些湿地生物的种类丰度和多样性远远超出了我们的预估。因此，迫切需要系统、深入地研究采煤驱动下塌陷地的生态演变规律，尤其是塌陷区新生湿地变化。从生态系统角度，植根于水环境、土壤、生物要素，系统探讨采煤塌陷区新生湿地生态演变及动力学机制，对于揭示采煤对生态环境的影响机制，揭示塌陷灾害条件下水、土壤、生物等环境要素的迁移变化规律，创新煤矿灾害生态动力学及调控机制理论，形成采煤塌陷区新生湿地生态恢复技术体系，具有重要的理论和应用价值。

兖州煤田太平采煤区多年来一直在进行煤矿开采。采煤塌陷而形成的新生湿地生态系统由于发育时间短，塌陷区仍存在沉降等问题，其发生、发展、演替受外界环境因子的影响较大，处于不稳定状态。近年来随着采矿塌陷区生态修复工作的开展，采煤塌陷区得到了一定程度的治理，采煤塌陷区新生湿地的保护及合理利用得到了一定程度的重视，如围塘进行水产养殖等。但采煤塌陷区新生湿地极其脆弱，过度的人为干扰、水资源利用不当、有害生物等均可导致湿地生态系统健康受损甚至衰退，产生难以恢复的后果。为此，对大面积采煤塌陷区新生湿地进行生态保护和恢复重建已迫在眉睫。如何因势利导，化害

---

① 1 亩≈666.7m²。

为利，充分利用采煤塌陷区新生湿地带来的生态机遇？过去相当长一段时间，人们对采煤塌陷区的认识总是对其负面的影响看得重一些，认为采煤塌陷区的形成会带来一系列危害，因此一直在积极探讨采煤塌陷区的综合治理措施，如进行土地复垦或利用塌陷坑塘进行水产养殖。事实上，我们在前期对兖州煤田太平采煤区采煤塌陷区的调查研究中发现，采煤塌陷一旦形成，会很快发育为湿地，在形成新生湿地后，沉水植物和一年生及多年生宿根性湿地植物很快覆盖了采煤塌陷区域，这些湿地植物具有极强的环境净化功能、生境功能、景观价值和经济价值。我们认为，不能只看到采煤塌陷地可能产生的一些次生地质环境灾害问题，更应该看到采煤塌陷区新生湿地的形成给我们带来的生态机遇，这些湿地将为我们提供很好的湿地植物天然种源，丰富塌陷区的生物多样性，大大提高其生物生产、环境净化、景观美化等生态服务功能。对采煤塌陷区的保护、利用可以和湿地农业、湿地花卉苗木利用、湿地生态旅游业等结合起来。对采煤塌陷区新生湿地的合理利用，迫切需要我们了解采煤塌陷区新生湿地生物多样性形成及维持机制、新生湿地生态系统的结构、功能及发育演变规律。

二、重点内容

本书以华北平原典型采煤塌陷区新生湿地生物多样性为研究对象，重点研究塌陷区新生湿地高等维管植物、底栖无脊椎动物和鸟类的多样性。以山东兖州煤田太平采煤区为主要研究区域，同时选择尚未塌陷的农田区域作为对照研究区。以采煤塌陷区新生湿地高等维管植物、底栖无脊椎动物和鸟类为对象，开展野外调查工作，重点研究内容如下。

1. 新生湿地维管植物、底栖无脊椎动物和鸟类群落组成及多样性

对不同季节、不同塌陷时间新生湿地高等维管植物、底栖无脊椎动物和鸟类进行调查，分析其种类组成、数量分布、功能群与物种多样性，探讨群落结构在时间和空间上变化的影响因素。了解采煤塌陷区新生湿地生物要素组成及变化规律；选择具有指示意义的新生湿地生物类群，主要选择高等维管植物、底栖无脊椎动物和鸟类三大典型湿地生物类群，调查分析采煤塌陷区新生湿地生物群落组成、功能群、空间格局及演变。

2. 塌陷区与非塌陷农耕对照区对照研究

通过对尚未塌陷的耕地及已塌陷的新生湿地高等维管植物、底栖无脊椎动物和鸟类的调查，比较塌陷区与非塌陷区之间高等维管植物、底栖无脊椎动物和鸟类群落结构及多样性差异，分析采煤塌陷前后高等维管植物、底栖无脊椎动物和鸟类多样性的变化。

3. 新生湿地高等维管植物、底栖无脊椎动物和鸟类多样性变化规律研究

对不同塌陷时间新生湿地高等维管植物、底栖无脊椎动物和鸟类进行调查，分析其种类组成、空间分布和功能群及多样性的差异，探索高等维管植物、底栖无脊椎动物和鸟类群落结构与新生湿地发育规律。

4. 新生湿地典型生境高等维管植物、底栖无脊椎动物和鸟类多样性研究

对采煤塌陷区新生湿地水域、湿地植物及滩涂等典型生境中的高等维管植物、底栖无脊椎动物和鸟类进行调查，分析不同生境中高等维管植物、底栖无脊椎动物和鸟类多样性分布变化的规律。

第二章 研究区域生态环境概况

第一节 自然环境概况

一、地理位置

研究区域为山东省兖州煤田太平采煤区塌陷区域，重点研究区域为山东邹城太平国家湿地公园。山东邹城太平国家湿地公园位于山东省邹城市太平镇境内。邹城市位于山东省西南部，地处东经 116°44′30″～117°28′54″、北纬 35°9′12″～35°32′54″。邹城市东倚沂蒙山区，西临鲁西平原，南襟徐淮要冲，北枕泰岱南脉，全市总面积 1616km²，辖 16 个镇街、2 个省级经济开发区、891 个行政村（居），素有"孔孟桑梓之邦，文化发祥之地"的美誉，现为国家级历史文化名城、新兴能源工业基地、中国优秀旅游城市、全国综合实力百强（县）市。山东邹城太平国家湿地公园位于邹城市西部，介于白马河和泗河之间，距邹城市城区 17.5km。西邻济宁市任城区接庄镇，南靠邹城市郭里镇、微山县马坡镇，东临邹城市石墙镇、北宿镇，北与兖州市接壤。公园包括泗河水域、横河水域及湖心岛周围水域。地理坐标为东经 116°47′06″～116°50′13″、北纬 35°23′52″～35°26′12″，总面积 1143.6hm²。

二、地质

研究区域所在的邹城市处于新华夏构造体系第二隆起带与第二沉降带的

交界线附近。由于各期地壳运动，境内虽无火层岩运动，但地质构造比较复杂。其中以近乎南北走向的峄山断层为主，东部、东南部形成低山丘陵区，以前震旦纪花岗片麻岩为主，峄山、土山、香城等地均有出露。城前镇、张庄镇东部、大束镇是尼山穹隆的南部边缘，有寒武纪灰岩呈盖层出现。西南部也为低山区，看庄镇夏看铺村西部为寒武纪灰岩带。西北部是断陷盆地，上部为第四纪，下部为石炭-二叠纪煤系地层。

三、地貌

邹城市地貌类型大体分为低山丘陵和山前倾斜平原两大类。地处鲁中南低山丘陵区西南边缘，泰蒙山脉与鲁西平原结合地带。地势东高西低，山区峰峦叠嶂，丘陵逶迤起伏，平原沃野千顷，分为低山、丘陵、平原、洼地 4 种地形。以京沪铁路边境内段为界，铁路以东和西南部为低山丘陵，约占总面积的 70%；铁路以西为平原洼地，占总面积的 30%。研究区域位于泗河冲积洪积平原区，地势北高南低，东、西高，中部低。一般地面标高在 35.2～41.3m，地面坡降为 0.2‰，地势平坦。

四、气候

研究区域所在的邹城市属暖温带，为东亚大陆性季风气候区，四季分明，降水集中，雨热同步，冷热季和干湿季区别明显。年日照时数为 2151～2596h，年平均气温为 14.1℃。全年无霜期平均为 202 天，年平均降水量为 771.7mm，主要集中在 6～8 月，年最大降水量为 1225.5mm，年最小降水量为 434.4mm，年际之间和年内各季节的降水极不均衡。历年平均相对湿度为 64%。

五、水文

邹城市大部分属于淮河流域。以南四湖为集水中心的现代水系中，流域面积大于 50km^2 的河流有 91 条，总长 1516km。境内较长的河流有沂河、泗河两大水系的 40 多条河流。较长的河流有泗河、白马河、城南大沙河、城前大沙河、大沂河、石墙河、龙河七大河流，呈辐射状向四个方向分流，分别流入邹城市、曲阜市、滕州市、微山县等境内。邹城市有水库 111 座，其中西苇水库是境内唯一的大型水库，总库容 1.07 亿 m³，毗邻城区。

邹城市境内地表水主要是季风降水，多年平均降水总量为 12.34 亿 m³，地表径流总量为 3.71 亿 m³，人均占有量为 460m³ 左右，邹城市多年平均地下水天然补给量为 2.21 亿 m³，每平方千米 13.93 万 m³。地下水补给主要来自大气降水渗入，有明显的季节性变化，水位升降及水量均随降水和灌溉量的大小呈周期性变化。汛期由于降水量大则开采量减少，地下水位上升很快，9 月左右水位最高，于次年汛期前出现最低值，水位变幅一般为 2～3m。

邹城市地下水主要分布在中心店镇—北宿镇—太平镇一带的邹西水源地和以唐村镇为中心的唐村水源地；地表水主要为东部山丘区、西南低山区水库、塘坝蓄水。区域范围内地下水文地质情况比较复杂，东部山地因受地形及不透水岩层的影响甚大，埋深较小；西南低山区裂隙含水层分布在峄山、看庄西南部，该区域基岩水位变化大，埋深相差悬殊，单位涌水量范围大。邹城山区的山溪水和塌陷的湿地为邹城旅游开发提供了有利条件。

研究区域属于淮河流域的白马河水系。东面与白马河相邻，西侧为泗河。白马河发源于邹城市中心店镇老营村白马泉，流经邹城、微山，全长 60km。其中在邹城市境内 41.6km，是境内最长、流域面积最广的河流。从太平镇北部大马厂村入境，至太平镇东南果庄村出境，流程 27.6km。泗河发源于泰安新泰市太平顶山，从后鲍村入境至王府寨村出境，流程 19.6km。

六、土壤

研究区域所在的邹城市共有 4 个土类、11 个亚类、15 个土属、48 个土种。棕壤类占可利用面积的 57.3%，主要分布在邹城市东低山丘陵区，适于花生、地瓜、小杂粮、栗、松等生长。褐土类占 27.3%，为邹城市第二大土类，主要分布在西南部青石低山丘陵区，适合小麦、玉米、棉花、柏、柿子、枣、核桃等生长。潮土类占 12.7%，主要分布在邹城市西山前倾斜平原，保水、保肥能力较好，适合多种粮食作物和经济作物的生长。砂姜黑土类占 2.7%，主要分布在白马河沿岸两侧的背河洼地、浅平洼地。此种土类僵、冷、板、瘦，对作物有选择性，是邹城市低产土壤之一。白马河沿岸两侧的背河洼地、浅平洼地上主要分布砂姜黑土类。

第二节　土地利用状况及变化

一、土地利用状况

采用 2014 年 8 月的资源三号卫星影像数据进行土地利用现状数据的提取。该数据主要包括地面分辨率为 2.1m 的全色正视影像数据、地面分辨率为 3.6m 的全色前视、全色后视影像数据和地面分辨率为 5.8m 的多光谱正视四组影像数据。基于 ArcGIS 软件和建立的解译标志，进行目视解译，得到研究区域土地利用现状数据（表 2-1、图 2-1）。

表 2-1　研究区域土地利用类型及面积

土地类型	面积/hm²	占比/%
建设用地	90.65	8.43
水　域	272.96	25.38
耕　地	266.83	24.81
浅滩地	316.19	29.43
道　路	60.71	5.83
堤　坝	20.81	1.93
裸　地	47.55	4.42

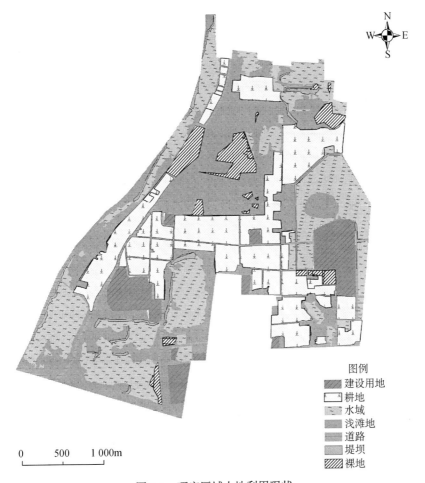

图 2-1 研究区域土地利用现状

由表 2-1 和图 2-1 可知，研究区域土地利用类型中，耕地、水域和浅滩地的面积占比相对较大，三种土地类型的总和达到 80%，其次为建设用地、道路、裸地。

二、土地利用变化

根据采煤沉陷深度预测，山东邹城太平国家湿地公园规划区内将形成大面积的土地塌陷。将《太平镇土地利用规划图（2020）》提供的规划基本农田图斑与山东邹城太平国家湿地公园沉陷深度空间分布图进行叠加，利用 ArcGIS 软件可以分析山东邹城太平国家湿地公园规划区内基本农田未来的变化情况。到 2020 年，规划区的稳沉区基本农田面积为 168.47hm²，占基本农田总面积的

41.83%；正在沉陷的基本农田面积为 51.63hm^2，占基本农田总面积的 12.82%；将沉陷的基本农田面积为 65.76hm^2，占基本农田总面积的 16.33%；非塌陷区基本农田面积为 116.85hm^2，占基本农田总面积的 29.01%。

第三节　塌陷类型与塌陷预测

一、煤炭开采及塌陷状况

济宁市已探明煤炭储量达 140 亿 t，是我国资源极丰富的煤炭基地，煤层大部分为深达 8~12m 的厚煤层。煤炭资源主要集中在粮食高产区。该区域村庄较多、人口密度大、耕地复垦率高、人均占有土地资源少，工业产值及经济效益高。采空后，土地将受到严重破坏，而且很难恢复原貌。兖州煤田、滕南煤田及滕北煤田等均坐落在此。济宁市兖州煤田开采开始于 20 世纪 70 年代，研究区域所在的山东省兖矿集团鲍店煤矿自 1986 年建成投产，煤田跨邹城、兖州两市区。截至 2009 年年底，济宁市塌陷总面积为 23 432.49hm^2，其中邹城塌陷面积占 23.05%，达到 6666.57hm^2；[①] 截至 2013 年年底，采煤塌陷地主要分布在 32 个乡镇。研究区域处在兖州、曲阜和邹城交界处，是分布集中的三大塌陷区之一，主要位于邹城市太平镇境内。山东邹城太平国家湿地公园地处邹城西部太平镇，属于兖州煤田太平采煤区，位于兖州煤业股份有限公司鲍店煤矿和山东宏河矿业集团有限公司邹城横河煤矿的采区之上。该采煤区从 20 世纪 70 年代初开始采煤，已经有 40 多年的历史。由于开采面积大、强度高，采空区已经开始塌陷，地下水冒出，造成大片土地积水，使该区域成为湿地。目前已形成新济邹路北、邢村东、三鲍村北、三鲍村东、北林村北等多块大面积水域以及水域周围的沼泽，积水深度 2~8m。随着塌陷面积的增大，研究区域内还会有部分区域变成水域。

二、塌陷类型划分与空间分布

为了解煤炭开采引起的地表沉陷对研究区域产生的影响情况，首先需要开

---

① 数据来源：王超. 2011. 济宁市采煤塌陷地预测和治理模式研究. 泰安：山东农业大学硕士学位论文.

展研究区域的开采沉陷预计工作。项目组于 2014 年 10 月到鲍店煤矿和横河煤矿进行了现场调研，收集了采煤工作面图和相关煤层埋藏、开采计划等资料。

根据开采沉陷学，开采沉陷范围的大小应该根据实际观测下沉 10mm 的点圈定，但是实际煤炭生产中不可能对每个工作面开采时都进行地表移动的观测，所以不能掌握所有开采工作面的沉陷观测数据，需要依据某些地区（工作面）上方地表的实际观测资料，结合实际的理论分析，得出地表移动计算参数，再通过对没有观测资料地区（工作面）采煤沉陷的计算，反映开采造成的采煤沉陷区范围及地表移动与变形的整体全貌，以填补人工测量的不足。

本项目采用采煤沉陷计算的方法来圈定沉陷范围。采煤沉陷计算按照国家煤矿安全监察局制定颁布的《建筑物、水体、铁路及主要井巷煤柱留设与压煤开采规程》（2016）中的概率积分法。一般认为，概率积分法适用于倾角小于 45° 的倾斜煤层开采地表任意点的移动变形值计算。

对于单个矩形工作面，直接按上述方法分别计算地表移动和变形即可。对于任意形状工作面（非矩形工作面），采用将工作面切割成多个小矩形工作面近似逼近的方法处理，然后进行移动变形值叠加。下沉值采用标量叠加，其他移动变形值采用矢量叠加。对于多工作面开采影响的预计计算，分三步实现。即：①开展单个工作面开采条件下的地表变形预计计算；②根据开采实际条件对计算目标区域内的多个工作面进行组合；③根据叠加原理开展多个工作面开采影响下的预计计算。

预计参数选取及预计计算如下。

1. 开采沉陷预计参数选取

预计参数的取值主要与煤层开采方法、顶板管理方法、上覆岩层性质、重复采动次数以及采深采厚比等因素有关。本方案沉陷预计主要考虑了以下几方面因素。

（1）鲍店煤矿属于兖州矿区内规划的井田之一，采区内地质条件、煤层赋存情况基本一致。兖矿集团有限公司对鲍店煤矿现有生产矿井的地表移动变形进行了大量监测，积累了比较丰富的岩移观测资料，得出实际观测经验参数。以矿区提供的《煤层及预计参数》和《鲍店煤矿六采区开采沉陷预计报告》为参考。

（2）横河煤矿采矿区与鲍店煤矿邻接，地质条件、煤层赋存情况和地表移动变形规律与鲍店煤矿的情况基本相同，预测参数选取时可参考鲍店煤矿进行。

（3）考虑研究区域内湿地公园建设和发展的需要，把沉陷区划分为稳定沉降区、正在沉降区和待沉降区三种类型。沉陷区类型的划分与煤层开采的时间和地表移动延续的时间密切相关。

2. 开采沉陷预计计算

湿地公园范围内，沉陷区范围超过了非沉陷区。非沉陷区主要位于湿地公园中部，包括邢村以及北部的农田，仅占总面积的19.6%。稳定沉降区范围较大，占整个湿地公园面积的61.8%，主要由两大片区组成。一片位于湿地公园东侧湖心岛周边，另一片位于湿地公园西南部泗河东岸的横河煤矿开采范围内。正在沉降区位于湿地公园北部，占7.2%，涉及的村庄已经搬迁完毕，土地复垦为农用地，现在已有部分区域地表出现积水。待沉降区占湿地公园总面积的11.4%，位于整个沉陷区外围区域。结合表2-2、表2-3分析得出，待沉降区的未来沉陷深度普遍低于目前的稳定沉降区和正在沉降区。

表2-2　湿地公园地表最大沉陷值变化

不同年份采区	2011年及以前	2012年	2013年	2014年	2015年	2016年	2017年	2018年	2019年
最大塌陷深度/m	12～13	8～9	13～14	7～8	7～8	6～7	3～4	5～6	5～6

表2-3　不同沉降时段沉陷区面积统计

沉降时段	面积/hm²
稳沉区	619.56
2012～2015年	16.50
2013～2016年	35.18
2014～2017年	20.05
2015～2018年	28.37
2016～2019年	21.21
2017～2020年	36.93
2018～2021年	4.72
2019～2022年	23.25
合计	805.77

三、沉陷深度空间变异与地表地形变化

（一）沉陷深度空间变异

沉陷深度的分析有利于发现地表地形的变化，对于今后动态规划塌陷区的土地利用方式和不同类型湿地区的景观形态有重要意义。由采煤造成的最大塌陷深度值也就是稳沉后的塌陷深度值，为0～13m，分级间距为1m。湿地公园区以深度沉陷（>2m）为主，占沉陷区总面积的73.08%。沉陷深度超过10m的区域将有两处，一处在湿地公园北部后鲍村附近，另一处在东南部湖心岛水域的南端。其中，沉陷深度在7～8m和8～9m的沉陷区分别占总沉陷区面积的14.93%和29.00%。

（二）沉陷速度估算

按照设定的稳沉期为30年，可以估算不同塌陷深度区的塌陷速度，如表2-2所示。因此，沉陷速度的空间变异情况可参考沉陷深度的空间分布分析。

（三）地表地形变化

山东邹城太平国家湿地公园位于高潜水位平原区，海拔多在40～50m，地势比较平坦。对比1999年调绘的地形图数据，湿地公园区的地形变化很大。过去的地形大致呈北高南低、西高东低的走势，现在的地势较高处在中部未沉陷的区域。由于南北两端均出现深度的沉陷积水区，中部的农用地并不平坦，向南北方向都有明显的沉降坡向。过去的积水区域面积小，水面连通性也较低；现在的湿地公园区水体面积较大，连通性也在随着采煤塌陷区的发展进一步提高。

第四节　塌陷区水环境及新生湿地特征

一、塌陷区水环境特征

兖州煤田太平采煤区因采空区塌陷，地下水涌出，形成大面积新生湿地。

水是湿地发育的最重要因素，研究塌陷区水环境状况及其变化具有重要意义。

选取山东邹城太平国家湿地公园内 7 处较大面积塌陷水域为研究对象，共设置 13 处采样断面，采集塌陷区水域表层水样。水样采集时间为 2014 年 10～12 月，参照国家水质检测标准和《水和废水监测分析方法》（第四版）进行分析。

监测分析表明，山东邹城太平国家湿地公园内水体各检测项目基本良好，水体酸碱度（pH 值）在 7.92～10.28，大多属于弱碱性水，湖心岛 2$^#$采样点水质则达到了强碱性水标准。总体而言，湖心岛水体 pH 值较其他区域偏高，特别是 2$^#$点，这可能与附近的食用菌类生产加工污水排放有关。其他塌陷水域以及泗河水样 pH 值均在 8 左右，属于正常地表水范围。水中溶解氧的含量指示水质的好坏，是评价地表水环境健康状况的重要指标。湿地公园内所有检测点溶解氧平均值为 84%，最高值出现在矸石山西新塌陷湿地，溶解氧达到 126.1%，推测新生成的塌陷区，由于积水较浅（水深仅有 20～30cm），且新生大量水草，水中溶解氧达到过饱和。与其他水域相比，湖心岛地区、泗河水的溶解氧含量相对较低，特别是湖心岛 3 个检测点的溶解氧平均值仅为 51.6%，湖心岛 1$^#$采样点溶解氧为全区域的最低值 50.5%，推测水中存在大量的耗氧有机物类污染物，或因此塌陷区形成多年，使得水中溶氧含量低于正常水体。电导率为地表水水质状况的又一重要指标，它表示水体中阴离子、阳离子的总含量。对湿地公园内 13 个样点进行了电导率的检测，最高值为 1672μS/cm^2，最低值为 678μS/cm^2，所有检测样点的水体电导率平均值为 1145μS/cm^2。湖心岛电导率远高于其他水域。矸石山西、刑村东南这几处新塌陷水域电导率较低。

对重金属的监测分析表明，各采样点水体中的铜含量均低于 0.01mg/kg，达到国家地表水环境质量标准规定中的Ⅰ类水质量标准。通过石墨炉测定各采样点水中镉含量的结果表明，各采样点水体中镉的含量低于 0.001mg/kg，表明湿地公园内部各水体重金属含量普遍较低。由此可见，山东邹城太平国家湿地公园内水域重金属类污染物浓度极低，基本无污染。

湿地公园所在地区地势低洼，降雨量丰沛，塌陷区大多成为良好的水资源分布区，尤其是邢村附近各矿开采规模大，且多个矿井的塌陷区连成一片，储存了丰富的水资源,整体水质较好。调查研究表明,山东邹城太平国家湿地公园水环境总体良好,达到地表水Ⅲ类水质标准。良好的水环境、充沛的水资源、广阔的塌陷湿地,为合理利用塌陷区、发展塌陷湿地生态产业提供了良好的基础。

但是,由于塌陷区的塌陷面积和沉降深度不断变化,塌陷区水域的环境因子变化有其特殊性,各种过程(物理、化学、生物和地质)耦合多变。受塌陷区底质、周边农业污染、沉降(干沉降和湿沉降)及季候变化的影响,水质演变十分复杂。相比于泗河等河流,塌陷区水体具有水面宽广、水动力作用缓慢、对流-扩散不显著的特点,污染物的降解主要靠水体生态系统的自净能力来完成。因此,基于塌陷湿地水环境动态变化的特性,今后应持续监测山东邹城太平国家湿地公园的水环境状况,为公园的湿地资源保护及可持续利用提供支持。

二、塌陷区新生湿地特征

兖州煤田太平采煤塌陷区新生湿地在塌陷积水后开始形成,新生湿地形成面积和水深与塌陷范围、深度相关。塌陷区水质清澈,总体上塌陷时间较长的湿地水位较深,塌陷时间较短的湿地水位较浅。虽然塌陷时间不同,但所有塌陷区湿地在塌陷后被水淹没,湿地植物定植、萌发,形成湿地植物群落,湿地植物种类及数量丰富。按照水生植物的生活型,挺水植物有芦苇、香蒲、藨草等,沉水植物有金鱼藻、黑藻、菹草等。兖州煤田太平采煤塌陷区的地表塌陷发生于不同的年代,这是因为地下开采的时空布局存在差异,造成采空完成的时间不同,所以地表塌陷先后不一。即使在同一年代开始塌陷,也会因为地质条件、土壤性质和地表形态的差异而导致塌陷不均一。水生植物的分布与水位变化有密切关系,从沉水植物、浮叶根生植物、小型挺水植物到大型挺水植物,对水深要求都不一样。塌陷时间较短的新生湿地水位较低,水深多在0~1m,以挺水植物为主,多呈片状分布,面积较大;塌陷时间较长的新生湿地水位较高,水深多在2~4m,湿地植物以沉水植物为主,周边带状或斑块状分布挺水植物。湿地植物形成的独特生境的结构复杂,异质性较高。不均匀塌陷形成的大量小斑块聚集分布非常明显。在挺水植物聚集的小型生境斑块中,集中分布有芦苇、香蒲、薦草等挺水植物，同时在浅水底有菹草、穗花狐尾藻、金鱼草等沉水植物分布。在这种小尺度聚集分布形成的斑块状水生植物生境中，栖息着凤头鹏鹏和黑水鸡等水鸟。塌陷时间较长的区域形成大面积水面为雁鸭类等游禽提供了优良的越冬栖息地。

第三章　采煤塌陷区新生湿地植物多样性

地处华北平原的兖州煤田太平采煤区新生湿地是由于采煤塌陷导致地表沉降发育形成的，其湿地植被和植物种类组成、群落结构是伴随新生湿地发育而形成的，反映了华北平原由农田景观向湿地景观转变过程中，植被和植物多样性的演变规律。对采煤塌陷区新生湿地维管植物多样性进行研究，对目前我国采煤塌陷区新生湿地生态保护和恢复具有重要的科学参考价值，对研究采煤塌陷区湿地植物多样性演变规律、保护和可持续利用也具有重要意义。2014 年8 月～2017 年 12 月，项目组对兖州煤田太平采煤区范围内的维管植物多样性进行了定量调查研究。

第一节　植物种类组成

一、维管植物种类组成

研究表明，兖州煤田太平采煤区新生湿地内共有维管植物 91 科 262 属 392种，其中蕨类植物 4 科 4 属 4 种、裸子植物 4 科 7 属 10 种、被子植物 83 科 251属 378 种（表 3-1）。野生维管植物有 65 科 182 属 280 种，其中蕨类植物 4 科4 属 4 种、被子植物 61 科 178 属 276 种。

表 3-1　兖州煤田太平采煤区塌陷区维管植物物种组成

类别	蕨类植物	裸子植物	被子植物	维管植物
科	4	4	83	91
属	4	7	251	262
种	4	10	378	392

从兖州煤田太平采煤区全部植物丰度及野生植物丰度上来看，在研究区面积仅有 $10km^2$ 的范围里，其物种丰度尤其是野生植物种类的丰度较高（表 3-2）。

表 3-2　兖州煤田太平采煤区塌陷区栽培植物和野生植物组成

类别	栽培植物	野生植物	合计
科	26	65	91
属	89	182	262
种	112	280	392

在对兖州煤田太平采煤区塌陷区域的植物多样性调查研究中发现金鱼藻科一疑似新种——太平金鱼藻[①]（*Ceratophylum taipingense* Y.T.Hou，sp.nov.）及 3 个山东省地理分布新记录种，分别是天葵（*Semiaquilegia adoxoides*）、秃疮花（*Dicranostigma leptopodum*）、野莴苣（*Lactuca seriola*）。

由科内种的组成可知（表 3-3），含 20 种以上的科有 4 个，为菊科（Compositae）、蝶形花科（Papilionaceae）、莎草科（Cyperaceae）、禾本科（Poaceae）。这说明上述植物种类在兖州煤田太平采煤区塌陷区植物组成中占据重要位置。其中含 11～19 种的科有 4 个，为苋科（Amaranthaceae）、蓼科（Polygonaceae）、十字花科（Cruciferae）、蔷薇科（Rosaceae）；含 6～10 种的科有 11 个，占总科数的 12.09%；含 5 种以下的少种科和单种科分别为 31 个和 41 个，共占总科数的 79.11%，其中单种科是比例最高的类群。

表 3-3　兖州煤田太平采煤区塌陷区维管植物科内种组成

类群	单种科	少种科	中等科	较大科	大科
蕨类植物/种	5	0	0	0	0
裸子植物/种	1	3	0	0	0
被子植物/种	35	28	11	4	4
合计/种（占比）	41（45.05%）	31（34.06%）	11（12.09%）	4（4.440%）	4（4.440%）

注：少种科为 2～5 种，中等科为 6～10 种，较大科为 11～19 种，大科为>20 种。

从植物科内种的统计分析来看，采煤塌陷区新生湿地植物科的组成以少种科和单种科为主，含 20 种以上的大科虽少，但其所包含的物种远超过其他任何类群，在本区植物种的组成上占据重要地位。

[①]　该种采集到标本后经鉴定为新种，但当时没有繁殖器官，之后一直未采集到，故用"疑似新种"。

研究表明（表 3-4），野生植物的各个类群中单种科和少种科所占总科数的比例最高，两者共同占野生维管植物总科数的 81.54%，构成了野生维管植物科的组成主体，其他类群所占科的比例较小。在不同类群包含的物种数方面，包含 20 种以上的大科虽然只有 3 个，但其所包含的物种达 98 种，占全部野生植物种类数的 35%，位居各类群之首，分别为菊科（Compositae）42 种、莎草科（Cyperaceae）20 种、禾本科（Poaceae）36 种。科内含 11～19 种的较大科共有 3 科，分别为蓼科（Polygonaceae）11 种、十字花科（Cruciferae）11 种、蝶形花科（Papilionaceae）15 种，共计 37 种，占野生维管植物总种数的 13.21%，是兖州煤田太平采煤区新生湿地野生维管植物的重要组成部分。含 6～10 种的中等科有 6 科，占野生维管植物总科数的 9.24%，分别为苋科（Amaranthaceae）9 种、石竹科（Caryophyllaceae）8 种、旋花科（Convolvulaceae）8 种、紫草科（Boraginaceae）7 种、唇形科（Labiatae）7 种、玄参科（Scrophulariaceae）6 种，合计 45 种，占总种数的 16.07%。含 2～5 种少种科为 22 科，含 69 种植物，占总种数的 24.64%。单种科共 31 种维管植物，占总种数的 11.07%，在所有类群中位居末尾。因此，在野生维管植物科的组成中，单种科占优势地位（47.69%），但在种的组成方面却相对复杂，其原因在于受到塌陷和水湿环境的影响，并不稳定，使得野生维管植物科的不同类群在物种组成方面复杂化。

表 3-4　兖州煤田太平采煤区采煤塌陷区野生维管植物科内种组成

类群	单种科	少种科	中等科	较大科	大科
蕨类植物/种	4	0	0	0	0
裸子植物/种	0	0	0	0	0
被子植物/种	27	22	6	3	3
合计/种（占比）	31（47.69%）	22（33.85%）	6（9.24%）	3（4.61%）	3（4.61%）

注：少种科为 2～5 种，中等科为 6～10 种，较大科为 11～19 种，大科为>20 种。

由属内种的组成可知（表 3-5），研究区内没有 10 种以上的大属。5 种以下的少数属有 66 个（161 种）、单种属 189 个（189 种）、单型属 2 个（2 种）。单种属和少种属分别占总属数的 69.23% 和 24.18%，加上单型属（0.73%），占总属数的 94.14%。表明塌陷区内中少种属、单种属占主要优势。

大量的单种和少种类型的存在反映出该区域环境的复杂和区域的过渡性，这主要是因为环境受到塌陷和季节性降水影响。

表3-5 兖州煤田太平采煤区采煤塌陷区维管植物属内种组成

类别及比例	单型属	单种属	少种属	多种属	大属
属/种（占比）	2（0.73%）	189（69.23%）	66（24.18%）	5（1.83%）	0（0.00%）
种/种（占比）	2（0.51%）	189（48.21%）	161（41.07%）	40（10.2%）	0（0.00%）

注：少种属为2～5种，多种属为6～10种，大属为>10种。

二、水生维管植物

（一）种类组成

兖州煤田太平采煤区范围内共有水生维管植物40种（表3-6），占塌陷区维管植物种数的10.20%。根据水生植物的生态习性和形态不同，按其生活型分为四类（表3-6）。

表3-6 水生维管植物生活型类群

类别	沉水植物	漂浮植物	浮叶植物	挺水植物	合计
种数	12	3	6	19	40
比例/%	30.00	7.50	15.00	47.50	100.00

1. 挺水植物

挺水植物是指植物体的上部，包括茎、叶、花、果等，挺出水面生长。这些器官具有陆生植物的特性，沉水部分主要为根和地下茎，具有水生植物的特性。研究区内，挺水植物有19种，占47.50%，如芦苇（*Phragmites australis*）、狭叶香蒲（*Typha angustifolia*）、水葱（*Scirpus validus*）、花蔺（*Butomus umbellatus*）、莲（*Nelumbo nucifera*）等；有些种类陆生性较强，离水仍能生长，如扁秆藨草（*Scirpus planiculmis*）、头状穗莎草（*Cyperus glomeratus*）、高秆莎草（*Cyperus exaltatus*）、剑苞藨草（*Scirpus ehrenbergii*）、两栖蓼（*Polygonum amphibium*）等，为水陆两栖植物，它们通常生于沿河岸、湖岸浅水处或河滩湿地。

2. 浮叶植物

浮叶植物是指植物体的根、地下茎生长在水底淤泥中，而叶片则漂浮在水面上。研究区内，浮叶植物有6种，占15%，如睡莲（*Nymphaea tetragona*）、丘角菱（*Trapa japonica*）、荇菜（*Nymphoides peltatum*）、水鳖（*Hydrocharis dubia*）等。

3. 漂浮植物

漂浮植物是指植物体全部漂浮在水面上，根通常退化或完全没有，具有明显的漂浮特征。研究区内，漂浮植物有 3 种，占 7.5%，如满江红（*Azolla imbricata*）、紫萍（*Spirodela polyrhiza*）、浮萍（*Lemna minor*）等。

4. 沉水植物

沉水植物是指植物体的茎、叶全部沉于水中，根大多数扎入水底淤泥内，少数为不扎根型。研究区内，沉水植物有 12 种，占 30%，如菹草（*Potamogeton crispus*）、竹叶眼子菜（*Potamogeton malaianus*）、篦齿眼子菜（*Potamogeton pectinatus*）、黑藻（*Hydrilla verticillata*）、穗状狐尾藻（*Myriophyllum spicatum*）、狐尾藻（*Myriophyllum verticillatum*）、金鱼藻（*Ceratophyllum demersum*）等。

（二）水生植物分布特点

结合现场调查和植物物种组成看，研究区内湿地、水生植物种类虽然不多，但分布数量大。从植物区系组成看，研究区地处北暖温带，位于南北植物区系的交汇区域，其区系组成比较复杂、多样。但从现场调查和物种组成的情况看，由于本区湿地、水生植物种类较少，其区系组成代表性不强，植物区系既有世界广布成分、热带成分，还有温带成分。这反映出水生植物的地带性分布不像陆生植物那样明显，因而区系植物出现明显的跨带现象。同时组成本区水生植物的主要种多属世界广布种，也反映了水生植物的生境水域条件比较一致，可在不同的植被带内由许多相同的种类组成相似的群落，显著地具有隐域性的特点。

从植物生态地理特性来看，本区水生植物因其生长位置、水域深浅、底质肥瘠的不同，分布的植物种类有很大的差异。

塌陷成湖后自然生长而成的植物群落，从农田、路边到水面呈现出明显的带状分布。主要类型如下：①三鲍村塌陷区东北岸，小麦或玉米→大狗尾草或马唐→头状穗莎草、高秆莎草→狭叶香蒲或芦苇→浮萍、菱→黑藻、金鱼藻等；②三鲍村塌陷区东岸，芦苇→酸模叶蓼或钻叶紫菀→头状穗莎草、高秆莎草→狭叶香蒲→浮萍、菱→黑藻、金鱼藻等；③矸石山北水塘岸边，芦苇→头状穗莎草、高秆莎草→扁秆藨草→穗状狐尾藻等；④邢村南湖岸、平阳寺西湖岸，狭叶香蒲或芦苇→莲、睡莲→浮萍、菱→穗状狐尾藻、金鱼藻等；⑤泗河东岸，107 杨→白茅、牛鞭草、狗牙根→钻叶紫菀、酸模叶蓼、头状穗莎草→莲子草、喜旱莲子草、假稻、双穗雀稗→乌菱、金鱼藻等；⑥平阳寺东湖西岸，芦苇→酸模叶蓼、钻叶紫菀→头状穗莎草、高秆莎草→刺酸模；⑦平阳寺东湖东岸，柳树、芦苇→头状穗莎草、高秆莎草→柽柳。

塌陷区经过人工治理，如挖湖筑岛、造田、修路、堆放建筑垃圾等，原生植物群落被全部破坏，在此基础上重新恢复生长而形成的植物群落，不同群落呈斑块状分布，物种多样性水平相对较高。分布于湖心岛及周边的狭窄岸带、矸石山西北区北塘西段以及湿地公园西北角湖内堆放建筑垃圾处、邢村南侧湖南岸外侧等。主要植物群落包括葎草群落、大狼耙草群落、金盏银盘群落、婆婆针群落、野大豆群落等，同时伴生有头状穗莎草、芦苇、酸模叶蓼、钻叶紫菀等。

第二节　植物区系分析

一、科的地理分布和成分分析

植物科的分布和对于气候的忍耐力是受遗传控制的，因此具有比较稳定的分布区，并与一定的气候条件相适应[①]。根据吴征镒等的研究[②③]，对研究区域采煤塌陷区的野生维管植物进行了分析（表 3-7）。

61 个科涉及 9 个分布区类型，其中世界广布类型 38 科、泛热带分布类型 10 科、北温带分布类型 4 科、北温带和南温带间断分布类型 3 科、旧世界温带分布类型 2 科、东亚（热带、亚热带）及热带南美间断分布类型 1 科、热带亚洲至热带大洋洲分布类型 1 科、以南半球为主的泛热带分布类型 1 科、热带亚洲–热带非洲–热带美洲（南美洲）分布类型 1 科。

---

① 引自王荷生. 华北植物区系地理. 北京：科学出版社，1997.
② 吴征镒，周浙昆，李德铢，等.世界种子植物科的分布区类型系统. 植物分类与资源学报，2003，25（5）：245-257.
③ 吴征镒.中国种子植物属的分布区类型. 植物资源与环境学报，1991：S4.

表 3-7　兖州煤田太平采煤区采煤塌陷区野生维管植物科的分布区类型统计分析

分布区类型	分布区名称	所含科数	所含科数占总科数/%
1	世界广布	38	62.29
2	泛热带	10	16.39
2-2	热带亚洲-热带非洲-热带美洲（南美洲）	1	1.64
2S	以南半球为主的泛热带	1	1.64
3	东亚（热带、亚热带）及热带南美间断	1	1.64
5	热带亚洲至热带大洋洲	1	1.64
8	北温带	4	6.56
8-4	北温带和南温带间断分布	3	4.92
10	旧世界温带	2	3.28

1. 世界广布类型

世界广布类型是指世界普遍分布的科，通常广泛分布于世界各大洲。世界广布类型在兖州煤田太平采煤区采煤塌陷区野生维管植物中共计有38科，占总科数的62.29%，是兖州煤田太平采煤区野生维管植物科的分布区类型中数量最多的类群。该类型包括睡莲科（Nymphaeaceae）、金鱼藻科（Ceratophyllaceae）、毛茛科（Ranunculaceae）、榆科（Ulmaceae）、茜草科（Rubiaceae）、藜科（Chenopodiaceae）、苋科（Amaranthaceae）、蓼科（Polygonaceae）、石竹科（Caryophyllaceae）、堇菜科（Violaceae）、伞形科（Apiaceae）、十字花科（Cruciferae）、报春花科（Primulaceae）、景天科（Crassulaceae）、蔷薇科（Rosaceae）、蝶形花科（Papilionaceae）、小二仙草科（Haloragidaceae）、千屈菜科（Lythraceae）、柳叶菜科（Onagraceae）、车前科（Plantaginaceae）、酢浆草科（Oxalidaceae）、茄科（Solanaceae）、旋花科（Convolvulaceae）、菟丝子科（Cuscutaceae）、睡菜科（Menyanthaceae）、紫草科（Boraginaceae）、马齿苋科（Portulacaceae）、唇形科（Labiatae）、玄参科（Scrophulariaceae）、狸藻科（Lentibulariaceae）、菊科（Compositae）、水鳖科（Hydrocharitaceae）、眼子菜科（Potamogetonaceae）、茨藻科（Najadaceae）、浮萍科（Lemnaceae）、莎草科（Cyperaceae）、禾本科（Poaceae）、香蒲科（Typhaceae）。其中主要的优势科有菊科29属42种、禾本科26属36种、莎草科7属20种、蝶形花科7属15种、十字花科7属11种、蓼科2属11种。

通过比较世界广布类型在全部野生维管植物科、属、种中所占的比例关系，可以看出该类型是该区野生维管植物科分布区类型中的主要类型，是构成植物区系科分布区类型的主导成分。尽管世界广布类型难以反映该地区气候特征属性，在研究和确定植物区系性质时意义不大，但能够从侧面说明这种类型的分布特点。兖州煤田太平采煤区在空间上地形较单一，特别是在塌陷前为农业景观区域、长期受人类活动影响，野生植物种类较少，而新生湿地野生植物出现及演替历史较短有密切关系。

2. 泛热带及其变型

泛热带分布类型是指普遍分布于南北半球热带至亚热带地区的科，其中有些科少数属种分布到温带，与世界广布类型不易区分。泛热带分布类型在兖州煤田太平采煤区采煤塌陷区野生植物中共计有 12 科，包括锦葵科（Malvaceae）、大戟科（Euphorbiaceae）、亚麻科（Linaceae）、葡萄科（Vitaceae）、萝藦科（Asclepiadaceae）、爵床科（Acanthaceae）、葫芦科（Cucurbitaceae）、天南星科（Araceae）、鸭跖草科（Commelinaceae）、薯蓣科（Dioscoreaceae）、商陆科（Phytolaccaceae）、云实科（Caesalpiniaceae）。该类型是兖州煤田太平采煤区采煤塌陷区中除世界广布类型之外科数最多的类型。反映出该区植物区系组成的热带性质。该类型中优势科有大戟科 3 属 5 种、锦葵科 4 属 4 种、萝藦科 2 属 3 种。泛热带分布类型的科数仅次于世界广布分布类型，这一类群的植物主要是中旱生条件下的田间杂草等，表明农业活动对植物分布存在影响，但并不能说明泛热带分布类型与该区域野生维管植物区系之间存在紧密联系。

3. 东亚（热带、亚热带）及热带南美间断类型

东亚（热带、亚热带）及热带南美间断分布类型是指分布于热带亚洲、中美洲、南美洲热带至温带的广大区域而未分布到旧世界（包括中国）温带分布类型的科。该类型在兖州煤田太平采煤区分布有 1 科，即紫茉莉科，占该区域科的总数的 1.64%。

4. 热带亚洲至热带大洋洲类型

热带亚洲、大洋洲分布区是旧世界热带分布区的东翼，其西端有时可达马达加斯加，但一般不到非洲大陆。在兖州煤田太平采煤区，该类型有 1 科，即鸢尾科，占该区域科总数的 1.64%。

5. 北温带及其变型

北温带分布区类型一般是指那些广泛分布于欧洲、亚洲和北美洲温带地区的科。北温带分布区类型在兖州煤田太平采煤区采煤塌陷区野生植物中共计有7科，包括大麻科（Cannabaceae）、列当科（Orobanchaceae）、花蔺科（Butomaceae）、百合科（Liliaceae）、罂粟科（Papaveraceae）、牻牛儿苗科（Geraniaceae）、灯心草科（Juncaceae），占总科数的11.48%，显示该区域维管植物具较明显的温带属性。

6. 旧世界温带类型

旧世界温带分布类型是指广泛分布于欧洲、亚洲中高纬度的温带和寒温带的科。该类型在兖州煤田太平采煤区内有2科，为柽柳科（Tamaricaceae）、菱科（Trapeaceae），占该区域维管植物总科数的3.28%。

兖州煤田太平采煤区采煤塌陷区野生维管植物科的分布区类型统计分析表明，该区野生植物科的分布共有9个类型及变型，类型并不复杂，并以世界广布类型为绝对优势，其他类型相对较少。这与该区域的空间异质性较为单一、环境稳定性、人为因素等原因密切相关。

二、属的地理分布和成分分析

兖州煤田太平采煤区采煤塌陷区野生维管植物共有178属。根据吴征镒等的研究[1][2]，对研究区域内的野生维管植物进行了分析（表3-8）。其中世界广布类型47属，泛热带分布类型33属，东亚（热带、亚热带）及热带南美间断分布类型4属，旧世界热带分布类型7属，热带亚洲至热带大洋洲分布类型3属，热带东南亚至印度-马来和太平洋诸岛（热带亚洲）分布类型2属，西太平洋诸岛弧（包括新喀里多尼亚和斐济）分布类型1属，北温带分布类型37属，东亚及北美间断分布类型6属，旧世界温带分布类型23属，温带亚洲分布类型4属，地中海区、西亚至中亚分布类型4属，地中海区、西亚至中亚分布类型2属，东亚分布类型5属，中国-喜马拉雅分布类型1属，中国-日本分布类型3属。

---

① 吴征镒，周浙昆，李德铢，等.世界种子植物科的分布区类型系统.植物分类与资源学报，2003，25（5）：245-257.
② 吴征镒.中国种子植物属的分布区类型.植物资源与环境学报，1991：S4.

表 3-8　兖州煤田太平采煤区采煤塌陷区野生维管植物属的分布区类型统计分析

分布区类型	分布区名称	所含属数	所含属数占总属数/%
1	世界广布	47	26.44
2	泛热带	33	18.54
3	东亚（热带、亚热带）及热带南美间断	4	2.25
4	旧世界热带	7	3.93
5	热带亚洲至热带大洋洲	3	1.69
7	热带东南亚至印度-马来、太平洋诸岛（热带亚洲）	2	1.12
7e	西太平洋诸岛弧（包括新喀里多尼亚和斐济）	1	0.56
8	北温带	37	20.79
9	东亚及北美间断	6	3.37
10	旧世界温带	23	12.92
11	温带亚洲	4	2.25
12	地中海区、西亚至中亚	2	1.12
14	东亚	5	2.81
14SH	中国-喜马拉雅	1	0.56
14SJ	中国-日本	3	1.69

1. 世界广布类型

兖州煤田太平采煤区野生维管植物中有世界广布类型 47 属，占总属数的 26.44%，是兖州煤田太平采煤区野生维管植物属的分布区类型中数量最多的类群。该类型包括藜属（*Chenopodium*）、苋属（*Amaranthus*）、酸模属（*Rumex*）、繁缕属（*Stellaria*）、独行菜属（*Lepidium*）、荠属（*Capsella*）、碎米荠属（*Cardamine*）、狐尾藻属（*Myriophyllum*）、水苋菜属（*Ammannia*）、老鹳草属（*Geranium*）、酢浆草属（*Oxalis*）、荇菜属（*Nymphoides*）、黄芩属（*Scutellaria*）、狸藻属（*Utricularia*）、飞蓬属（*Erigeron*）、鼠麴草属（*Gnaphalium*）、眼子菜属（*Potamogeton*）、紫萍属（*Spirodela*）、浮萍属（*Lemna*）、薹草属（*Carex*）、莎草属（*Cyperus*）、水莎草属（*Juncellus*）、荸荠属（*Heleocharis*）、金鱼藻属（*Ceratophyllum*）、翅果菊属（*Pterocypsela*）、牵牛属（*Pharbitis*）、隐子草属（*Cleistogenes*）、大戟属（*Euphorbia*）、茄属（*Solanum*）、鬼针草属（*Bidens*）、猪毛菜属（*Salsola*）、毛茛属（*Ranunculus*）、蔊菜属（*Rorippa*）、酸浆属（*Physalis*）、旋花属（*Convolvulus*）、车前属（*Plantago*）、蒿属（*Artemisia*）、灯芯草属（*Juncus*）、藨草属（*Scirpus*）、羊茅属（*Festuca*）、香蒲属（*Typha*）、堇菜属（*Viola*）、茨

藻属（*Najas*）、拉拉藤属（*Galium*）、鼠尾草属（*Salvia*）、珍珠菜属（*Lysimachia*）、苍耳属（*Xanthium*）。

2. 泛热带类型

兖州煤田太平采煤区野生维管植物中有泛热带分布类型 33 属，占总属数的 18.54%，是兖州煤田太平采煤区野生维管植物属的分布区类型中的重要类群。该类型包括苘麻属（*Abutilon*）、黄麻属（*Corchorus*）、木槿属（*Hibiscus*）、黄花稔属（*Sida*）、铁苋菜属（*Acalypha*）、叶下珠属（*Phyllanthus*）、菟丝子属（*Cuscuta*）、马齿苋属（*Portulaca*）、鳢肠属（*Eclipta*）、石胡荽属（*Centipeda*）、鸭跖草属（*Commelina*）、飘拂草属（*Fimbristylis*）、扁莎草属（*Pycreus*）、芦苇属（*Phragmites*）、薯蓣属（*Dioscorea*）、丁香蓼属（*Ludwigia*）、商陆属（*Phytolacca*）、曼陀罗属（*Datura*）、番薯属（*Ipomoea*）、白酒草属（*Conyza*）、虎尾草属（*Chloris*）、双稃草属（*Diplachne*）、母草属（*Lindernia*）、狗牙根属（*Cynodon*）、䅟属（*Eleusine*）、假稻属（*Leersia*）、千金子属（*Leptochloa*）、马唐属（*Digitaria*）、稗属（*Echinochloa*）、画眉草属（*Eragrostis*）、野黍属（*Eriochloa*）、白茅属（*Imperata*）、狗尾草属（*Setaria*）。

3. 东亚（热带、亚热带）及热带南美间断类型

兖州煤田太平采煤区野生维管植物中有东亚（热带、亚热带）及热带南美间断分布类型 4 属，占总属数的 2.25%。该类型包括紫茉莉属（*Mirabilis*）、假酸浆属（*Nicandra*）、秋英属（*Cosmos*）、落花生属（*Arachis*）。

4. 旧世界热带类型

兖州煤田太平采煤区野生维管植物中有旧世界热带分布类型 7 属，占总属数的 3.93%。该类型包括爵床属（*Rostellularia*）、黄瓜属（*Cucumis*）、水鳖属（*Hydrocharis*）、荩草属（*Arthraxon*）、乌蔹莓属（*Cayratia*）、牛鞭草属（*Hemarthria*）、菅属（*Themeda*）。

5. 热带亚洲至热带大洋洲类型

兖州煤田太平采煤区野生维管植物中有热带亚洲至热带大洋洲分布类型 3 属，占总属数的 1.69%。该类型包括大豆属（*Glycine*）、通泉草属（*Mazus*）、结缕草属（*Zoysia*）。

6. 热带东南亚至印度-马来、太平洋诸岛（热带亚洲）及其变型

兖州煤田太平采煤区野生维管植物中有热带东南亚至印度-马来、太平洋

诸岛（热带亚洲）及其变型分布类型 3 属，占总属数的 1.69%。该类型包括盾果草属（*Thyrocarpus*）、蛇莓属（*Duchesnea*）、小苦荬属（*Ixeridium*）。

7. 北温带类型

兖州煤田太平采煤区野生维管植物中有北温带分布类型 37 属，占总属数的 20.79%。该类型包括茜草属（*Rubia*）、蓼属（*Atraphaxis*）、蝇子草属（*Silene*）、无心菜属（*Arenaria*）、卷耳属（*Cerastium*）、胡萝卜属（*Daucus*）、水芹属（*Oenanthe*）、播娘蒿属（*Descurainia*）、葶苈属（*Draba*）、点地梅属（*Androsace*）、景天属（*Sedum*）、委陵菜属（*Potentilla*）、蔷薇属（*Rosa*）、野豌豆属（*Vicia*）、亚麻属（*Linum*）、枸杞属（*Lycium*）、打碗花属（*Calystegia*）、鹤虱属（*Lappula*）、薄荷属（*Mentha*）、婆婆纳属（*Veronica*）、紫菀属（*Aster*）、蓟属（*Cirsium*）、碱菀属（*Tripolium*）、菊蒿属（*Tanacetum*）、蒲公英属（*Taraxacum*）、茵草属（*Beckmannia*）、雀麦属（*Bromus*）、棒头草属（*Polypogon*）、看麦娘属（*Alopecurus*）、鸢尾属（*Iris*）、榆属（*Ulmus*）、葎草属（*Humulus*）、菖蒲属（*Acorus*）、紫草属（*Lithospermum*）、花蔺属（*Butomus*）、藁本属（*Ligusticum*）、鹅观草属（*Roegneria*）。

8. 东亚及北美间断类型

兖州煤田太平采煤区采煤塌陷区野生维管植物中有东亚及北美间断分布类型 6 属，占总属数的 3.37%。该类型包括蛇床属（*Cnidium*）、皂荚属（*Gleditsia*）、鸡眼草属（*Kummerowia*）、胡枝子属（*Lespedeza*）、山桃草属（*Gaura*）、地锦属（*Parthenocissus*）。

9. 旧世界温带类型

兖州煤田太平采煤区采煤塌陷区野生维管植物中有旧世界温带分布类型 23 属，占总属数的 12.92%。该类型包括石竹属（*Dianthus*）、鹅肠菜属（*Myosoton*）、柽柳属（*Tamarix*）、草木樨属（*Melilotus*）、苜蓿属（*Medicago*）、菱属（*Trapa*）、鹅绒藤属（*Cynanchum*）、夏至草属（*Lagopsis*）、活血丹属（*Glechoma*）、野芝麻属（*Lamium*）、旋覆花属（*Inula*）、乳苣属（*Mulgedium*）、莴苣属（*Lactuca*）、萱草属（*Hemerocallis*）、糖芥属（*Erysimum*）、窃衣属（*Torilis*）、飞廉属（*Carduus*）、苦苣菜属（*Sonchus*）、燕麦属（*Avena*）、附地菜属（*Trigonotis*）、益母草属（*Leonurus*）、菊属（*Dendranthema*）、芦竹属（*Arundo*）。

10. 温带亚洲类型

兖州煤田太平采煤区采煤塌陷区野生维管植物中有温带亚洲分布类型 4 属，占总属数的 2.25%。该类型包括猬菊属（*Olgaea*）、黄鹌菜属（*Youngia*）、米口袋属（*Gueldenstaedtia*）、马兰属（*Kalimeris*）。

11. 地中海区、西亚至中亚类型

兖州煤田太平采煤区采煤塌陷区野生维管植物中有地中海区、西亚至中亚分布类型 2 属，占总属数的 1.12%。该类型包括牻牛儿苗属（*Erodium*）、山羊草属（*Aegilops*）。

12. 东亚及其变型

兖州煤田太平采煤区采煤塌陷区野生维管植物中有东亚及其变型分布类型 9 属，占总属数的 5.06%。该类型包括芡属（*Euryale*）、斑种草属（*Bothriospermum*）、地黄属（*Rehmannia*）、盒子草属（*Actinostemma*）、泥胡菜属（*Hemistepta*）、秃疮花属（*Dicranostigma*）、天葵属（*Semiaquilegia*）、萝藦属（*Metaplexis*）、荻属（*Triarrhena*）。

从兖州煤田太平采煤区采煤塌陷区野生维管植物属的分布区类型组成分析来看，尽管世界分布类型难以反映出一个地区的植物区系特征，但在区系组成中所占的比例最大，反映该区域植物世界广布属占重要地位。其他类型中，泛热带和北温带所占比例最大。所有的热带成分占全部野生维管植物属组成的 28.09%，所有的温带成分占全部野生维管植物属组成的 45.51%，反映出兖州煤田太平采煤区野生维管植物区系上以温带与热带共存，但以温带为主的现状。其他分布区类型所占比例较小，对该区域植物区系组成影响不大。

第三节　新生湿地植物生活型分析

生活型是指植物对综合环境及其节律变化长期适应而在外貌形态方面所表现出的类型。生活型谱则是指某一地区植物区系中各类生活型的百分率组成。一个地区的植物生活型既可以表征某一群落对特定气候的反应、种群对空间的利用以及群落内部种群之间可能存在的竞争关系等信息，又能反映该地区气候、历史演变、人为干扰等因素。自 19 世纪初威廉·冯·洪堡（Wilhelm von Humboldt）以外貌特征划分生活型至今，已建立多种生活型分类系统。根据《中国植被》①中的生活型系统，将兖州煤田太平采煤区采煤塌陷区内野生维管植物的生活型分为 6 类，即木本植物分为乔木和灌木（含木质藤本），乔木又分常绿乔木和落叶乔木，灌木又分常绿灌木和落叶灌木，草本植物分为陆生草本（含草质藤本）和水生草本（含水陆两栖的湿生草本）。另外为便于统计，竹类被划分到落叶灌木之中。

分析表明，兖州煤田太平采煤区采煤塌陷区 280 种野生维管植物中，木本植物有 2 种，占植物总数的 0.71%，均为落叶乔木。落叶灌木有 5 种，占种总数的 1.79%。草本植物有 273 种，其中陆生草本有 240 种，占种总数的 85.71%，水生植物有 33 种，占种总数的 11.79%。

兖州煤田太平采煤区采煤塌陷区草本植物比例极大，且多为当地原生植物。这样的生活型谱特征正反映了该区域的环境特征，也反映了陆地环境历史上的扰动情况。

研究区内共有水生维管植物 40 种，占塌陷区内野生维管植物种数的 24.62% 和 14.28%。根据水生植物的生态习性和形态不同，按其生活型分为沉水植物、漂浮植物、浮叶植物、挺水植物四类。

第四节　植被类型及分布

一、植被类型

植被是指一个地区或区域内所有植物的有机组合。根据中国植被分类原则、依据、分类系统和命名，结合兖州煤田太平采煤区的实际情况，把植被类型分为自然植被和农业植被两大类。自然植被又分为陆生植被和水生植被两类。

根据《中国植被》②，兖州煤田太平采煤区地处暖温带落叶阔叶林区域，

---

①② 中国植被编辑委员会. 中国植被. 北京：科学出版社，1980.

暖温带落叶阔叶林地带，暖温带南部落叶阔叶林亚地带，鲁中南山地、丘陵、栽培植被，油松（*Pinus tabuliformis*）、麻栎（*Quercus acutissima*）、栓皮栎（*Quercus variabilis*）林区。兖州煤田太平采煤区位于鲁西南平原东部北侧，是鲁中丘陵区向鲁西平原过渡的地带。自然植被主要以油松林、麻栎、栓皮栎林、荆条（*Vitex negundo*）、酸枣（*Ziziphus jujuba*）类灌丛、暖温带草丛及其各种过渡类型为主。栽培植物中以小麦（*Triticum aestivum*）、玉米（*Zea mays*）为主。经济林中 107 杨（*Populus nigra*）、梨（*Pyrus bretschneideri*）、桃（*Amygdalus persica*）、核桃（*Juglans regia*）等，发展潜力巨大。丘陵荒山多荆条、酸枣等灌丛。由于人类长期的开发活动，原生植被已破坏殆尽，仅存留少量的次生植被。

塌陷区内陆生自然植被有 4 个植被型，23 个群系；水生植被有 4 个植被型，33 个群系；农业植被有 2 个植被型，6 个群系（表 3-9）。

表 3-9 兖州煤田太平采煤区采煤塌陷区植被类型

植被类型		植被型	群系
自然植被	陆生植被	一、落叶阔叶林	1. 107 杨群系
			2. 山皂荚群系
		二、落叶针叶林	3. 中山杉群系（人工栽培）
		三、落叶阔叶灌丛	4. 构树-枸杞群系
			5. 牡丹群系（人工栽培）
		四、草甸	6. 白茅群系
			7. 狗牙根群系
			8. 大狗尾草群系
			9. 牛鞭草群系
			10. 马唐群系
			11. 繁穗苋、蒙古苍耳群系
			12. 长鬃蓼群系
			13. 钻叶紫菀群系
			14. 野大豆群系
			15. 刺儿菜群系
			16. 钻叶紫菀-绵毛酸模叶蓼群系
			17. 齿果酸模群系
			18. 野塘蒿群系
			19. 大狼耙草群系
			20. 金盏银盘群系

续表

植被类型		植被型	群系
自然植被	陆生植被	四、草甸	21. 野艾群系
			22. 葎草群系
			23. 苣草群系
	水生植被	一、挺水植物群落	1. 狭叶香蒲群系
			2. 喜旱莲子草群系
			3. 芦苇群系
			4. 莲群系
			5. 水莎草群系
			6. 剑苞藨草群系
			7. 假稻群系
			8. 双穗雀稗群系
			9. 刺酸模群系
			10. 扁秆藨草群系
			11. 头状穗莎草群系
			12. 碎米莎草群系
			13. 高秆莎草群系
			14. 长芒稗群系
			15. 酸模叶蓼群系
			16. 绵毛酸模叶蓼群系
			17. 圆基长鬃蓼群系
		二、浮叶植物群落	18. 荇菜群系
			19. 水鳖群系
			20. 睡莲群系
			21. 菱群系
			22. 芡实群系
		三、漂浮植物群落	23. 紫萍群系
			24. 满江红群系
			25. 浮萍群系
			26. 紫萍群系
			27. 槐叶苹群系
		四、沉水植物群落	28. 菹草群系
			29. 茨藻群系
			30. 竹叶眼子菜群系
			31. 狐尾藻-黑藻群系

续表

植被类型	植被型		群系
自然植被	水生植被	四、沉水植物群落	32. 苹-金鱼藻群系
			33. 穗状狐尾藻群系
	农业植被	一、果园	1. 桃园
		二、农田	2. 蔬菜（大白菜田、萝卜田、油菜田等）
			3. 玉米田
			4. 小麦田
			5. 大豆田
			6. 高粱田

塌陷区的植被主要是农业植被、陆生植被及水生植被。研究区内未塌陷的土地上，一般以农业植被为主，其中冬季和春季以小麦田为主，夏季和秋季则以玉米、高粱田、大豆田为主。在塌陷初期，先锋植被一般以陆生植物为主，主要有马唐草甸、狗尾草草甸、白茅草甸、刺儿菜草甸、钻叶紫菀草甸、齿果酸模草甸等。这类草甸一般分布在塌陷塘湖滨带边缘。由于塌陷程度不均一，这类草甸往往交错发育，并和农业植被形成明显的分界。水生植被通常分布在各塌陷塘的近岸水域，但是在一些土壤潜育化程度较高、土壤含水量充足的塌陷地也有分布，一般以芦苇群落、香蒲群落、长芒稗群落、头状穗莎草群落、碎米莎草群落、高秆莎草群落、扁秆藨草群落及水葱群落为主。在塌陷时间较短的塘内，挺水植物群落内通常分布有漂浮植物和沉水植物。但是在塌陷时间较长、面积较大、水深梯度明显的塌陷塘内，则往往形成典型的挺水植物-浮叶植物-漂浮植物的带状分布趋势。这说明塌陷年限越长，环境梯度越显著，植被的"带"状分布趋势越明显；反之塌陷初期，由于塌陷的程度不均一，环境梯度并不明显（尤其是土壤水分梯度），植物群落分布比较分散，在同一片塌陷地中呈斑块状分布。

二、陆生植被

（一）落叶阔叶林

落叶阔叶林是兖州煤田太平采煤区内的主要植被类型之一，主要分布在泗河东岸中南段、区域内田间道路两侧以及塌陷塘的湖岸高地，以栽培的 107 杨群系、山皂荚群系为主，其他各群系混生在该类群系之间。

1. 107 杨群系

107 杨群系一般高度为 7.0m 左右，伴生有构树（*Broussonetia papyrifera*）、芦苇（*Phragmites australis*）、野大豆（*Glycine soja*）、打碗花（*Calystegia hederacea*）等。

2. 山皂荚群系

山皂荚群系一般高度为 3.0～7.0m，盖度为 70%，林下为无心菜（*Arenaria serpyllifolia*）群落，伴生有小花糖芥（*Erysimum cheiranthoides*）、泥胡菜（*Hemistepta lyrata*）、一年蓬（*Erigeron annuus*）、抱茎小苦荬（*Ixeridium sonchifolia*）等。

（二）落叶针叶林

中山杉群系

中山杉群系是兖州煤田太平采煤区内的主要植被类型之一，主要分布在山东邹城太平国家湿地公园范围内，以栽培的中山杉为主。一般高度为 4.0m 左右，伴生有野塘蒿（*Erigeron bonariensis*）、马唐（*Digitaria sanguinalis*）、野大豆、多裂翅果菊（*Pterocypsela laciniata*）等。

（三）落叶阔叶灌丛

兖州煤田太平采煤区由于多年以来受人工干扰较为严重，原生植物群落均遭到破坏，目前其灌丛均为次生或人工种植的经济林木，各群落中植物种类较单一，群落类型简单，主要的群落类型如下。

1. 构树-枸杞群系

构树-枸杞群系为自然生长的类型，分布在山东邹城太平国家湿地公园北部矸石山西北的岛上，群落高度为 4.0m 左右，盖度为 70%左右，伴生种有桑（*Morus alba*）、旱柳（*Salix matsudana*）、葎草（*Humulus scandens*）、野大豆、钻叶紫菀（*Aster subulatus*）等。

2. 牡丹群系

牡丹群系为人工栽培群落，分布在山东邹城太平国家湿地公园邢村南湖东岸南段。群落高度为 1.0m 左右，盖度为 80%，伴生种较少，主要有刺儿菜（*Cirsium segetum*）、马唐、狗尾草（*Setaria viridis*）、钻叶紫菀等。

（四）草甸

兖州煤田太平采煤区内，陆生草本植物种类比较多，但大部分情况是零散分布或多个物种混生，区域内主要的陆生草本植物群落如下。

1. 白茅群系

白茅群系主要分布于兖州区兴隆庄镇白马河堤西侧、山东邹城太平国家湿地公园湖心岛湖岸带及泗河东岸北部，白茅（*Imperata cylindrica*）高度为 0.6～0.7m，盖度为 20%～25%，伴生有较少的大狼耙草（*Bidens frondosa*）、头状穗莎草、加拿大蓬（*Conyza canadensis*）、钻叶紫菀，还有数量极少的野大豆、蒙古苍耳（*Xanthium mongolicum*）和草质藤本植物鹅绒藤（*Cynanchum chinense*）。

2. 狗牙根群系

狗牙根群系主要分布于泗河东岸北段塌陷区，狗牙根（*Cynodon dactylon*）高度为 0.5m，盖度为 100%，伴生有牛筋草（*Eleusine indica*）、绿穗苋（*Amaranthus hybridus*）、大画眉草（*Eragrostis cilianensis*）、狗尾草等。

3. 大狗尾草群系

大狗尾草群系主要为玉米、小麦等农作物弃种后的次生群落，分布于山东邹城太平国家湿地公园鲍店村东塌陷区周围、邢村湖西岸、泗河东岸北段泗河大堤西侧及兖州区兴隆庄镇南部前樊庄村塌陷区，大狗尾草高度为 0.8～1.2m，盖度为 75%，伴生有马唐、鳢肠（*Eclipta prostrata*）、牛筋草、阿穆尔莎草（*Cyperus amuricus*）、反枝苋（*Amaranthus retrolexus*）等。

4. 牛筋草群系

牛筋草群系主要分布于泗河东岸北段塌陷区，牛筋草高度为 0.5～1m，伴生有圆基长鬃蓼（*Polygonum longisetum*）、钻叶紫菀、加拿大蓬、芦苇、盒子草（*Actinostemma tenerum*）、葎草、窃衣（*Torilis scabra*）、翼果薹草（*Carex neurocarpa*）等。

5. 马唐群系

马唐群系主要分布于兖州区兴隆庄镇南部前樊庄村、后樊庄村塌陷区及白马河堤西侧，马唐高度为 0.4～0.6m，盖度为 100%，伴生有牛筋草、芦苇、葎草，还有数量极少的野大豆。

6. 繁穗苋-蒙古苍耳群系

繁穗苋-蒙古苍耳群系主要分布于山东邹城太平国家湿地公园邢村南湖东岸北部,湖岸带陡峭、狭窄且呈带状。繁穗苋和蒙古苍耳高度约为0.5m,盖度为45%,下层伴生有圆叶牵牛(*Ipomoea purpurea*)、马唐、牛筋草、鳢肠、狗尾草、鸭跖草(*Commelina communis*)、葎草、藜(*Chenopodium album*)、稗草(*Echinochloa crusgalli*)等。

7. 长鬃蓼群系

长鬃蓼群系主要分布于泗河东岸北段,生长在近岸浅水区,高度为0.3m,盖度为65%。伴生假稻(*Leersia japonica*)、稗草、钻叶紫菀、空心莲子草(*Alternanthera philoxeroides*)等。

8. 钻叶紫菀群系

钻叶紫菀群系主要分布于兖州区兴隆庄镇南部南张村、后樊村、前樊庄村各塌陷塘湖滨带及山东邹城太平国家湿地公园泗河东岸北段。高度为1.2m,盖度为40%,伴生有大狼耙草、野艾(*Artemisia lavandulaefolia*)、齿果酸模(*Rumex dentatus*)。

9. 野大豆群系

野大豆群系主要分布于山东邹城太平国家湿地公园湖心岛周围岸边、矸石山西北湖岸边荒地上,野大豆为缠绕草本,盖度为70%~80%,伴生有数量较少的狗尾草、长萼鸡眼草(*Kummerowia stipulacea*)、刺儿菜、钻叶紫菀、中华小苦荬、蒲公英(*Taraxacum mongolicum*)、头状穗莎草和极少的金盏银盘(*Bidens biternata*)。

10. 刺儿菜群系

刺儿菜群系主要分布于兖州区兴隆庄镇南部后樊村、前樊庄村东部塌陷塘西岸湖滨带及山东邹城太平国家湿地公园内矸石山西北湖岸边草地上,刺儿菜(*Cirsium segetu*)高度为0.3m,盖度为5%,伴生有较少的野大豆和金盏银盘,偶尔见到狗尾草、蒲公英、马唐、锥囊薹草(*Carex raddei*)。

11. 钻叶紫菀-绵毛酸模叶蓼群系

钻叶紫菀-绵毛酸模叶蓼群系主要分布于兖州区兴隆庄镇南部雷场村、后樊村、前樊庄村东部塌陷塘西岸湖滨带、山东邹城太平国家湿地公园内鲍店村东塌陷区东岸及平阳寺东湖西岸,生长在狭叶香蒲、芦苇群落外侧,优势种为钻叶紫菀、绵毛酸模叶蓼（*Polygonum lapathifolium*）。伴生种包括头状穗莎草、高秆莎草（*Cyperus exaltatus*）等。

12. 齿果酸模群系

齿果酸模群系主要分布于兖州区兴隆庄镇南部雷场村东南塌陷塘南岸湖滨带，齿果酸模盖度为80%。伴生有鳢肠、头状穗莎草、钻叶紫菀及少量芦苇等。

13. 野塘蒿群系

野塘蒿群系主要分布于山东邹城太平国家湿地公园取土塘西侧湖岸高地道路两侧，野塘蒿高度为1.2～1.5m，盖度为85%。伴生有马唐、刺儿菜、黄鹌菜（*Youngia japonica*）、泥胡菜（*Hemistepta lyrata*）等。

14. 大狼耙草群系

大狼耙草群系主要分布于兖州区兴隆庄镇南部后樊村东塌陷塘西岸湖滨带、山东邹城太平国家湿地公园内矸石山西北湖岸边、后鲍店村北湖西岸，生长于人为干扰较小的荒地上。大狼耙草高度为1～1.5m，盖度为90%，伴生有野大豆、数量较少的芦苇和钻叶紫菀。

15. 金盏银盘群系

金盏银盘群系分布较广，一般生长于人为干扰过的荒地上，优势种通常为金盏银盘或大狼耙草，高度为1.2m，盖度为70%～80%。伴生有数量极少的草质藤本植物鹅绒藤（*Cynanchum chinense*）、萝藦（*Metaplexis japonica*）、中华小苦荬（*Ixeridium chinense*）、野大豆、多裂翅果菊（*Pterocypsela laciniata*）、茵陈蒿（*Artemisia capillaries*）。

16. 野艾群系

野艾群系分布于兖州区兴隆庄镇南部后樊村东塌陷塘西岸，生长于较干燥的地段，优势种为野艾（*Artemisia lavandulaefolia*）、大狼耙草，高度为0.4m，盖度为80%，伴生有相当数量的钻叶紫菀和极少的芦苇。

17. 葎草群系

葎草群系大量分布于兖州区兴隆庄镇南部的废弃村落内及山东邹城太平国家湿地公园邢村湖东岸北部。葎草为草质藤本，高度为0.3～0.5m，主要伴生植物为稗草（*Echinochloa crusgalli*）、马唐、藜及少量的芦苇、狗尾草。

18. 荩草群系

荩草群系分布于山东邹城太平国家湿地公园后鲍店村北湖南岸及泗河东岸北段，生长于河边、湖边荒滩上，高度为0.5m，盖度为90%，主要优势种是荩草（*Arthraxon hispidus*），伴生有狭叶香蒲、多裂翅果菊（*Pterocypsela laciniata*）、野大豆、柳树（*Salix mastsudana*）、大狼耙草等。

三、水生植被

水生植物群落是研究区内的重要植被类型，是湿地生态系统的重要组成部分。按照刁正俗在《中国水生杂草》[①]一书提出的水生植被及其群落类型，对研究区域内的水生植物群落进行分类和结构组成分析。

（一）挺水植物群落

挺水植物是指根或根茎生于水底淤泥中，茎和叶挺出水面以上的水生植物。植物体一般大型，茎、叶较高或较长，种群呈斑块状分布。采煤塌陷区新生湿地内的主要湿生、水生植物群落为挺水植物群落。

1. 芦苇群系

芦苇群系分布较广，主要分布于采煤塌陷区新生湿地和各塌陷塘近岸水域，位于狭叶香蒲群落的外围。高度为1.5～3m，有时与其他植物混生一起构成优势群落，如在兖州区兴隆庄镇南部雷场村东塌陷塘西南岸与高秆莎草一起构成优势群落，在山东邹城太平国家湿地公园内中鲍村东湖东岸与狭叶香蒲构成优势群落。这类群落一般伴生有绵毛酸模叶蓼、钻叶紫菀、头状穗莎草、扁秆藨草等，群落盖度达80%～90%。在一些发育时间较长、面积较大的塌陷塘内，往往形成围塘一周的单优群落，仅在群落的边缘伴生有钻叶紫菀、长芒稗（*Echinochloa caudata*）、绵毛酸模叶蓼等少数几种植物，盖度可达100%。

2. 狭叶香蒲群系

狭叶香蒲群系分布较广，主要分布于采煤塌陷区新生湿地和各塌陷塘近岸水域，与芦苇群落相邻，两者分布范围基本一致。结合现场的调查来看，两种

---

① 引自刁正俗. 中国水生杂草. 重庆：重庆出版社，1990.

植物基本上呈内外分布。该群落一般为单优群落或与芦苇形成共优群落。高度一般为 1.8~2.5m，盖度为 100%，伴生有芦苇、苹（*Marsilea quadrifolia*）、满江红（*Azolla imbricate*）。

3. 空心莲子草群系

空心莲子草群系主要分布在兖州区兴隆庄镇南部前樊庄村东塌陷西北岸湖滨带、泗河东堤南段东岸水边，平阳寺东湖，一般形成空心莲子草单优群落或与芦苇形成共优群落。群落高度为 0.45~0.5m，盖度达 100%，伴生有芦苇、狭叶香蒲、盒子草（*Actinostemma tenerum*）、荇菜（*Nymphoides peltatum*）、水鳖（*Hydrocharis dubia*）等。

4. 莲群系

莲群系分布在山东邹城太平国家湿地公园矸石山西北、邢村南湖、平阳寺西湖，形成莲单优势群落，一般高度为 0.4m，盖度为 100%，伴生种有空心莲子草（*Alternanthera philoxeroides*）、五刺金鱼藻（*Ceratophyllum oryzetorum*）等少数几种植物。在公园矸石山西北与芦苇形成共优群落，一般高为 0.4m，盖度为 70%，伴生有扁秆藨草、狭叶香蒲等。

5. 扁秆藨草群系

扁秆藨草群系主要分布在兖州区兴隆庄镇南部前樊庄村东塌陷西北岸湖滨带、山东邹城太平国家湿地公园的后鲍村北湖，和狭叶香蒲形成共优群落，高度为 0.8~1.0m，盖度为 70%，在矸石山西北、平阳寺西湖东岸、平阳寺南湖西南岸形成单优群落，高度为 0.9~1.5m，盖度为 100%，伴生种有狭叶香蒲、钻叶紫菀、芦苇等。

6. 水莎草群系

水莎草群系在研究区内仅分布在泗河东岸南段，高度为 0.8m，盖度为 80%，伴生种为浮水植物荇菜、五刺金鱼藻等。

7. 剑苞藨草群系

剑苞藨草群系在研究区内只分布在泗河东岸南段，高度为 0.8m，盖度为 80%，伴生种有水鳖、紫萍（*Spirodela polyrrhiza*）、空心莲子草、钻叶紫菀、酸模叶蓼（*Polygonum lapathifolium*）、黑藻、金盏银盘、狭叶香蒲。

8. 假稻群系

假稻群系在研究区内仅分布在泗河东岸北段，假稻和圆基长鬃蓼形成共优群落，伴生有钻叶紫菀、狭叶香蒲等，匍匐于水面，盖度为70%。邢村南湖南岸分布有假稻单优群落，匍匐于水面，盖度为95%，伴生有芦苇、钻叶紫菀等。

9. 头状穗莎草群系

头状穗莎草群系在采煤塌陷区新生湿地分布较广，主要分布于各塌陷塘岸边浅水中。有时与其他植物构成共优群落，如在兖州区兴隆庄镇南部雷场村东塌陷塘南岸湖滨带与高秆莎草构成共优群落，在山东邹城太平国家湿地公园矸石山西北与扁秆藨草构成共优群落，湖心岛周围水边、后鲍村北湖、平阳寺东湖和邢村南湖与狭叶香蒲构成共优群落，高度为0.9m，盖度为100%，伴生种有酸模叶蓼、钻叶紫菀、大狼耙草等。在兴隆庄镇东南部和尚堂村北塌陷塘西南岸湖滨带构成单优群落，高度为0.9m，盖度为100%，仅在群落边缘伴生有钻叶紫菀等。

10. 高秆莎草群系

高秆莎草群系分布于兴隆庄镇南部南张村南塌陷塘北岸湖滨带、山东邹城太平国家湿地公园三鲍村东湖东岸和平阳寺东湖，与头状穗莎草构成共优群落，高度为0.9m，盖度为100%，伴生有扁秆藨草、酸模叶蓼、钻叶紫菀等。

11. 酸模叶蓼群系

酸模叶蓼群系分布于兴隆庄镇南部各塌陷塘湖滨带边缘、山东邹城太平国家湿地公园湖心岛、三鲍村东湖和平阳寺东湖，与钻叶紫菀构成共优群落；后鲍村北湖，与藜构成共优群落，高度为1.2m，盖度为100%，伴生有扁秆藨草、钻叶紫菀、稗草（*Echinochloa crusgalli*）等。在平阳寺西湖构成单优群落，高度为1.2m，盖度为100%，伴生有高秆莎草、大狼耙草、稗草等。

12. 长芒稗群系

长芒稗群系分布较广，分布于各塌陷塘挺水植物群落的边缘，有时为单优群落，高度为1.5~2.5m，盖度为80%，有时与芦苇混生形成共优群落，伴生种有大狼耙草、钻叶紫菀、稗草等。

13. 剑苞藨草群系

剑苞藨草群系主要分布在山东邹城太平国家湿地公园泗河东部北段，为剑苞蔗草（*Scirpus ehrenbergi*）单优群落，高度为 0.9m，盖度为 80%，伴生种为扁秆蔗草、钻叶紫菀。

14. 双穗雀稗群系

双穗雀稗群系主要分布在兴隆庄镇南部南张村东部引水渠内及山东邹城太平国家湿地公园内邢村南湖南端，为单优群落，伴生有芦苇、扁秆蔗草、钻叶紫菀等。

（二）漂浮植物群落

漂浮植物的茎、叶漂浮于水面，根在水中，生长繁殖快，常成团、成块密集生长。根据现场调查，采煤塌陷区内该类植物种类少，各塌陷塘中均有分布。

1. 满江红群系

满江红是优良的绿肥植物，是常见的漂浮植物，在国内绝大部分区域均有分布，主要分布在静水池塘或静水河流以及水田中，研究区内主要分布在兖州区兴隆庄镇南部各塌陷塘中，呈单优群落，并伴有紫萍等。

2. 紫萍群系

紫萍群系生于水田、池沼或其他静水水域，形成密布水面的飘浮植物群落。由于本种繁殖快，通常在群落中占绝对优势，是常见的漂浮植物，分布于南北各地。主要分布在生有狭叶香蒲或芦苇等挺水植物的水面，构成共优群落。

3. 浮萍群系

浮萍生境和分布与紫萍相同，也是常见的漂浮植物，分布于南北各地。主要分布在生有狭叶香蒲、芦苇、空心莲子草（*Alternanthera philoxeroides*）等挺水植物的水面。

（三）浮叶植物群落

浮叶植物体的根、地下茎生长在水底淤泥中，而叶片则漂浮在水面上。主要分布在各塌陷塘的近岸水域。

1. 荇菜群系

荇菜群系主要分布在兖州区兴隆庄镇和尚堂村南塌陷塘的近岸水域及泗河东堤靠岸静水塘中，呈单优群落，并伴生有紫萍、水鳖等。

2. 睡莲群系

睡莲群系属于人工栽植的植物群系，在山东邹城太平国家湿地公园内邢村南湖东岸和平阳寺西湖南岸浅水中零散分布，伴生有沉水植物菹草

（*Potamogeton crispus*）、狐尾藻（*Myriophyllum verticillatum*）和挺水植物狭叶香蒲、芦苇等。

3. 水鳖群系

水鳖群系分布在山东邹城太平国家湿地公园泗河东岸北段近岸水域，呈单优群落，伴生种包括紫萍、五刺金鱼藻等。

4. 菱群系

菱群系分布于兖州区兴隆庄镇南部雷场村东塌陷塘东岸近岸水域，呈单优群落，伴生种包括狐尾藻、五刺金鱼藻等。

5. 芡实群系

芡实群系分布于研究区内各塌陷塘，一般与狭叶香蒲群落相邻，呈单优群落，并伴有狐尾藻、紫萍、菹草等。

（四）沉水植物群落

沉水植物是指根、茎、叶均在水面下生长的植物，全株具有水生植物的显著特征，静水、流水都可存在。

1. 菹草群系

菹草为多年生沉水草本植物，生于池塘、湖泊、溪流中，静水池塘或沟渠较多，水体多呈微酸至中性。分布在我国南北各省，为世界广布种。在采煤塌陷区内分布广泛，往往构成单优群落。是春季主要的沉水植物群落，伴生有黑藻、狐尾藻等。

2. 茨藻群系

在山东邹城太平国家湿地公园邢村南湖南端分布有茨藻（*Najas marina*）单优群落，同时伴生有黑藻、穗状狐尾藻（*Myriophyllum spicatum*）等。在研石山西北和三鲍店南湖南端与穗状狐尾藻构成共优群落，伴有黑藻等。

3. 竹叶眼子菜群系

在山东邹城太平国家湿地公园平阳寺北湖北端、邢村南湖南端分布有竹叶眼子菜单优群落，同时伴生有黑藻、穗状狐尾藻等。

4. 狐尾藻群系

狐尾藻群系是在兖州区兴隆庄镇南部雷场村东塌陷塘西部近岸水域、山东邹城太平国家湿地公园邢村南湖南端分布的单优群落，伴生有黑藻、穗状狐尾藻等。

5. 萍-金鱼藻群系

萍-金鱼藻群系分布于山东邹城太平国家湿地公园取土塘东北部，伴生有菹草、狐尾藻等。

6. 穗状狐尾藻群系

穗状狐尾藻群系是分布于兖州区兴隆庄镇南部后樊村东塌陷塘东部近岸水域、山东邹城太平国家湿地公园邢村南湖南端呈穗状狐尾藻的单优群落，伴生有菹草、黑藻等。

7. 篦齿眼子菜群系

分布于山东邹城太平国家湿地公园邢村南湖北端、平阳寺西湖北端，呈篦齿眼子菜单优群系，伴生有菹草、黑藻、狐尾藻等。

四、农业植被

（一）果园

桃树群系

桃树群系分布于山东邹城太平国家湿地公园内湖心岛西侧、平阳寺村以北，是人工栽培的桃园。高度为2.3～3.7m，盖度为60%，林下伴生有加拿大蓬、枸杞（*Lycium chinensis*）、马唐、牛繁缕（*Myosoton aquaticum*）、婆婆针（*Bidens bipinnata*）、猪殃殃（*Galium aparine*）、垂序商陆（*Phytolacca americana*）、打碗花（*Calystegia hederacea*）、黄鹌菜（*Youngia japonica*）、葎草等。

（二）农田

1. 蔬菜（大白菜、萝卜、芹菜等）群系

蔬菜（大白菜、萝卜、芹菜等）群系斑块状分布于塌陷程度较低的区域，是当地村民栽种的主要蔬菜。高度为0.3～0.4m，盖度为60%～70%，下层杂草有萹蓄（*Polygonum viculare*）、铁苋菜（*Acalypha australis*）、旋花（*Calystegia sepium*）、刺儿菜等。

2. 玉米群系

玉米群系广泛分布于研究区内未塌陷或塌陷程度较低的区域，是人为栽植的作物群落。高度一般为1.5～2m，盖度为90%，下层伴生有刺儿菜、马唐、马齿苋（*Portulaca oleracea*）等。

3. 小麦群系

小麦群系广泛分布于研究区内未塌陷或塌陷程度较低的区域，是人为栽植的作物群落。高度一般为1～1.3m，盖度为90%，下层伴生有荠菜（*Capsella bursa-pastoris*）、马唐、铁苋菜等。

4. 大豆群系

大豆群系广泛分布于研究区内未塌陷或塌陷程度较低的区域，是人为栽植的作物群落。高度一般为0.4～0.8m，盖度为90%，下层伴生有旋花、铁苋菜等。

5. 高粱群系

高粱群系较少分布于研究区内未塌陷或塌陷程度较低的区域，是人为栽植的作物群落。高度一般为1.5～2m，盖度为90%，下层伴生有马唐、旋花、铁苋菜等。

第五节　植物多样性

生物多样性测定主要有α多样性、β多样性、γ多样性三个尺度。α多样性主要关注局域生境下的物种数量，因此也被称为生境内的多样性。β多样性是指沿环境梯度不同群落之间物种组成的相异性或物种沿环境梯度的更替速率，也被称为生境间的多样性，控制β多样性的主要生态因子有土壤、地貌及干扰等。γ多样性描述区域或大陆尺度的多样性，是指区域或大陆尺度的物种数量，也被称为区域多样性。控制γ多样性的生态过程主要为水热动态，气候和物种形成及演化的历史。

本书主要研究山东邹城太平国家湿地公园内的植物群落多样性，采用α多样性进行计算。选择生物多样性测度指标Shannon-wiener指数、Simpson指数和Pielou指数计算区域内的生物多样性。

在山东邹城太平国家湿地公园内，共设置样线三条，每条样线按照地形梯度和植物群落梯度设置样方，共设置样方48个，研究结果见表3-10。

表3-10　山东邹城太平国家湿地公园各区域植物多样性

区域	样方号	Shannon-wiener指数	Simpson指数	Pielon指数
矸石山西北湖	7	1.35	0.49	0.13
	8	2.39	0.74	0.26

续表

区域	样方号	Shannon-wiener 指数	Simpson 指数	Pielon 指数
矸石山西北湖	9	1.72	0.63	0.15
	10	2.18	0.74	0.26
	11	2.27	0.76	0.23
湖心岛	1	3.37	0.89	0.40
	2	3.70	0.90	0.41
	3	2.94	0.82	0.30
	45	2.68	0.79	0.29
	46	1.64	0.47	0.15
	47	2.10	0.72	0.20
	48	1.04	0.29	0.10
平阳寺西湖	24	2.76	0.81	0.26
	25	1.48	0.55	0.19
	26	1.59	0.64	0.16
	27	1.61	0.63	0.17
	28	1.98	0.61	0.18
	29	1.99	0.61	0.21
	30	2.13	0.74	0.24
	42	0.48	0.10	0.04
	43	2.45	0.56	0.24
	44	3.12	0.83	0.34
三鲍店北湖	12	1.06	0.36	0.10
	13	1.94	0.62	0.20
	14	2.95	0.78	0.39
	15	1.84	0.22	0.17
三鲍店东湖	4	2.64	0.18	0.28
	5	3.08	0.83	0.33
	6	2.22	0.75	0.21
泗河东堤北段	16	1.54	0.55	0.15
	17	2.12	0.73	0.17
	18	1.03	0.35	0.09
	19	0.99	0.25	0.09
	20	0.52	0.12	0.05
	21	1.67	0.61	0.17
泗河东堤南段	22	0.46	0.13	0.04
	23	2.82	0.65	0.25
邢村南湖	31	2.07	0.69	0.21
	32	0.78	0.30	0.08
	33	0.87	0.37	0.09

续表

区域	样方号	Shannon-wiener 指数	Simpson 指数	Pielon 指数
	34	3.65	0.90	0.36
	35	1.97	0.58	0.22
	36	0.23	0.06	0.02
邢村南湖	37	1.46	0.53	0.18
	38	1.01	1.00	0.09
	39	0.28	0.07	0.02
	40	2.17	0.71	0.23
	41	1.58	0.53	0.20

从表 3-10 可知，山东邹城太平国家湿地公园内各个区域的植物多样性大多数较高，仅有一小部分样方 Shannon-wiener 多样性指数小于 1，其他均大于 1。各个区域和各个样方的均匀度适中，也有些样地均匀度较小，这可能是由于湖岸推土筑堤等干扰造成。另外，一些典型的湿地植物群落，如芦苇群落和狐尾藻群落，在生长旺盛以后，对其他植物在其中的生长起到了一定的抑制作用，成为单优群落或共优群落，也是造成本区域均匀度较低的原因。各个区域样地的群落多样性大小不一，但总体来说各个区域的多样性均较高，虽然各个区域受到一些不同程度的人为干扰，但整个区域靠水较近，环境适宜，所以多样性还是比较高的。

同一块塌陷区内，在塌陷的前中期阶段，土地虽然已经沉降，土壤结构和地表状况仍能满足农作物的栽植和生长，该阶段一般为农田，农作物类型以小麦（*Triticum aestivum*）、玉米为主。农田与塌陷塘水面之间存在一条狭长的水陆过渡带，一般以陆生植物、湿生植物为主，陆生植物主要有马唐、狗尾草、铁苋菜（*Acalypha australis*）、刺儿菜、牛筋草、沼生蔊菜（*Rorippa islandica*）等，这些植物有时形成单优群落，有时与其他物种形成共优群落，并和农业植被形成明显的分界；湿生植物包括齿果酸模、钻叶紫菀、绵毛酸模叶蓼、长芒稗、石龙芮（*Ranunculus sceleratus*）、鳢肠、芦苇等。水生植被通常分布在各塌陷塘的近岸水域，但是土壤含水量充足的塌陷地也有分布，一般以芦苇、狭叶香蒲、长芒稗、头状穗莎草、高秆莎草、扁秆藨草及水葱为主，一般形成芦苇或狭叶香蒲的单优群落。

研究表明（图 3-1），未塌陷地区（农作物群落）的 Shannon-wiener 指数、Pielou 均匀度指数及 Simpson 指数最低；而塌陷中期阶段（湿生植物群落）的

Shannon-wiener 指数、Pielou 均匀度指数最高；塌陷初期阶段（陆生植物群落）的 Pielou 均匀度指数仅次于塌陷中期；而到了塌陷的后期，Simpson 指数高于其他三个阶段。

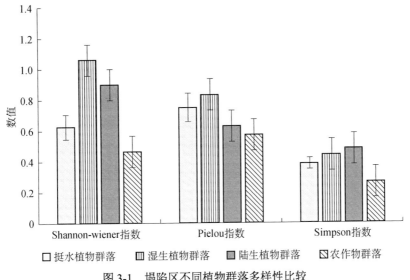

图 3-1 塌陷区不同植物群落多样性比较

通过分析，物种多样性大小顺序与 Shannon-wiener 指数、Pielon 指数、Simpson 指数的大小顺序并不完全一致，这说明物种多样性的大小不完全依靠物种数量的多寡，与物种分布均匀程度、优势度都有着密切关系，它是多个指标的综合表现。

新生湿地中植被的演替方向与典型的湖泊一致，植被由湖岸向湖心发育。植被带呈同心圆分布，但由于塌陷区内塌陷程度不一致，因此也存在差异。塌陷年限越长，环境梯度越显著，植物的"带"状分布趋势越明显；反之塌陷初期，由于塌陷的程度不同、不均一，群落的复杂程度往往比较高。

随着塌陷时间的增长，植物群落的丰度及群落物种分布均匀性呈先增高后降低的趋势，塌陷后期形成塘之后优势种突出并逐渐向单一方向演变。例如，在浅水区域，植物一般以芦苇群落、狭叶香蒲群落或两种植物混生的群落为主。塌陷造成的土壤及水分的改变影响了植物养分和水分的供给程度，从而使原有的优势物种生长发育受到损伤。这种干扰降低了原优势物种对其他物种的竞争排斥能力，也为其他物种的发育及入侵形成条件，导致了群落内物种的增加与多样性提高。但塌陷到一定程度之后，所形成的环境已无法提供大部分植物所必需的生境（特别是塌陷塘的水深达到一定程度之后），物种的多样性达到最低。

有研究表明，随着外界生态环境的改变，植被结构也随之改变。湿地发育进程使得群落物种组成中的优势种发生变化，但由于塌陷仍在继续，且该区域不同季节降水量差异较大，新生湿地并不稳定。

研究区内塌陷区塌陷前土地利用类型基本以农田及村庄为主，地势平坦、经济功能单一、景观异质性偏低、生物资源贫瘠，是典型的华北平原农业景观。采煤塌陷过程中对地形地貌的"改造"形成了复杂的地形格局，伴随着土地沉陷积水与土壤潜育化过程，逐渐形成明显的土壤水分梯度，从而增加了塌陷区内的环境异质性，为更多的物种提供了得以生存发育的生境。在更小的尺度上，塌陷塘内的倒木、塘内的树桩以及地表和地下的塌陷裂缝等都为更多的物种提供了微生境。

第六节　珍稀植物及资源植物

一、珍稀植物

根据中华人民共和国 1999 年颁布的《国家重点保护野生植物名录（第一批）》，确定了研究区内维管植物中共有国家保护植物 7 种，隶属 7 科 7 属（表 3-11）。

表 3-11　研究区内的保护植物

物种	生活型	保护等级	分布
银杏（*Ginkgo biloba*）	乔木	一	山东邹城太平国家湿地公园
水杉（*Metasequoia glyptostroboides*）	乔木	一	山东邹城太平国家湿地公园
鹅掌楸（*Liriodendron chinense*）	乔木	二	山东邹城太平国家湿地公园
香樟（*Cinnamomum camphora*）	乔木	二	山东邹城太平国家湿地公园
核桃（*Juglans regia*）	乔木	二	山东邹城太平国家湿地公园
莲（*Nelumbo nucifera*）	草本	二	山东邹城太平国家湿地公园
野大豆（*Glycine soja*）	草本	二	采煤塌陷区内广布

其中，属于国家一级保护植物的有 2 种，包括银杏（*Ginkgo biloba*）、水杉（*Metasequoia glyptostroboides*）。银杏为单属种植物，为现存维管植物中最古老

的孑遗植物，是研究生物进化的活标本，而在本研究区内为栽培种，主要分布在山东邹城太平国家湿地公园。水杉（*Metasequoia glyptostroboides*）是杉科水杉属唯一现存种，中国特产的孑遗珍贵树种，有植物王国"活化石"之称，在本研究区内为栽培种，主要分布在山东邹城太平国家湿地公园。

属于国家二级保护植物的有5种，分别为鹅掌楸（*Liriodendron chinense*）、香樟（*Cinnamomum camphora*）、核桃（*Juglans regia*）、莲、野大豆。其中，野大豆为野生种，广泛分布于采煤塌陷区新生湿地内，但是一般不形成优势群落，往往与其他物种混生，如在芦苇群落中作为伴生种。其他4种为栽培种，分布在山东邹城太平国家湿地公园。

二、资源植物

1. 药用植物

研究区内有药用植物217种，占种总数的55.36%，包括民间常见用药，如枸杞（*Lyceum chinensis*）、杠板归（*Polygonum perfoliatum*）、土荆芥（*Chenopodium ambrosioides*）、车前（*Plantago asiatica*）等。采煤塌陷区内有常用中药或中成药植物，如银杏、苍耳（*Xanthium sibiricum*）和香附子（*Cyperus rotundus*）等。

2. 观赏植物

野生植物中有一定观赏价值的有137种，占种总数的34.95%。观赏植物分为观形或观叶植物、观花植物及观果植物。观形或观叶植物有狭叶香蒲、芦苇、扁秆藨草、头状穗莎草、高秆莎草、绵毛酸模叶蓼、钻叶紫菀等；观花植物有紫茉莉（*Mirabilis jalapa*）、荇菜、水鳖、花蔺（*Butomus umbellatus*）、鸭跖草（*Commelina communis*）等；观果植物有垂序商陆（*Phytolacca americana*）等。

3. 食用植物

研究区内食用植物计有66种，占种总数的16.84%，可分为蔬菜类（含嫩尖、地下茎）、淀粉类（含干果、块根、块茎）、果品类、调味品4类。4类中以蔬菜类最多，包括藜、马齿苋、荠菜（*Capsella bursa-pastoris*）等。淀粉类（含干果）食用植物包括莲（块根藕粉）等。果品类包括龙葵（*Solanum nigrum*）、桑等。

4. 木材植物

区域内木材植物共有 21 种，占种总数的 5.36%。木材植物有禾本科的刚竹、金缕梅科的北美枫香（*Liquidambar styraciflua*）、壳斗科的红栎（*Quercus rubra*）、杨柳科的 107 杨等 21 种植物。杉科中的水杉（*Metasequoia glyptostroboides*）是杉科水杉属唯一现存种，中国特产的孑遗珍贵树种，木质轻软，可用于建筑、造纸。该树种较耐水湿，生长快，可作平原绿化及速生用材树种。

5. 其他资源植物

其他资源植物实际包含了多种资源植物类型，只是每个种类较少，所以总归为其他资源植物，如油脂类、纤维类、单宁类、植物色素类、指示植物等。经查询统计，研究区内工业用原料植物有 118 种，约占种总数的 30.1%。其他如蓖麻（*Ricinus communis*）、乌桕（*Sapium sebiferum*）属于油脂植物；桑科植物、锦葵科植物等都是很好的纤维植物；满江红等是优良的固氮植物；节节草（*Commelina diffusa*）等是工业上的打磨材料。

第七节　入侵植物

研究区内入侵植物较多，有 28 种，占总种数的 7.41%，如喜旱莲子草（*Alternanthera philoxeroides*）、加拿大蓬、钻叶紫菀、大狼耙草等。这些入侵种一般分布在河岸、湖边湿地、路旁荒滩等处，对当地野生植物区系的影响程度相对较重。例如，区内一些地段喜旱莲子草、加拿大蓬等有大面积成片分布的现象。

第八节　新生湿地特征植物及其生境

植被-环境关系有明显的尺度依赖性。在大区域甚至全球尺度下，决定植物分布及多样性的主导因素是气候，而在小区域甚至群落等小尺度下，地形、土壤等因素可能起主导作用。大尺度的植被-环境关系研究更具有理论意义，而小尺度甚至在群落尺度上的研究能够更细节地揭示一个群落物种分布及多样性与环境变量的关系，对于有针对性地制定具体群落的管理、保护策略更具有现实的指导意义。

有关植物群落物种组成及丰富度与环境变量关系在世界范围内也有较多研究，涉及多种多样的群落类型。研究区内新生湿地因其形成原因及过程，构成了复杂多样的植物群落，但有关特征物种与生境的报道极少。作者在野外详细调查的基础之上，深入分析了该区域广泛分布的 4 类植物群落的物种组成及丰富度与环境变量的关系，以期为了解这些群落与环境的关系提供更详细的信息，为有针对性地制定相应群落的管理措施提供理论指导。

由于煤炭开采，导致济宁市地表大面积塌陷，目前仍以每年新增 4 万亩塌陷地的速度快速发展。这些采煤塌陷地形成后，积水形成塌陷塘（湖），发育形成典型的采煤陷区新生湿地，并形成了不同演替阶段的植被分布格局。

采煤塌陷对土地改造，形成了层次分明的异质化景观格局：塌陷初期农田→地表变形废弃农田→塌陷初期积水区→新生湿地（表 3-12），形成了层次分明的典型生境。由于植物的生长习性及偏好不同，不同生境的植物群落的结构组成及优势种存在差异，典型生境中的优势种成为新生湿地不同生境的环境指示种。

表 3-12　不同塌陷阶段特征物种及其生境

生境	特征植物	土壤含水量/%
塌陷初期农田	小麦、玉米、大豆等	1.2~11.3
地表变形废弃农田	马唐、猪殃殃、香丝草、播娘蒿等	16.8~25.6
塌陷初期积水区	刺儿菜、钻叶紫菀、酸模叶蓼、齿果酸模等	46.1~53.3
新生湿地	芦苇、狭叶香蒲、莲等	69.2~77.6

农田生境景观结构简单，农田和道路受到人为干扰的影响最严重，景观均质性较强，植物物种多样性低，野生植物个体的稳定性差，植物群落优势种生态优势明显。由于人类对农作物产品质量和数量的需求，农田生境通常会受到较强的人为干扰，使得个别耐药、抗虫、喜阴的草本植物物种优势凸显。

地表变形废弃农田较特殊。作为农作物废弃地，其形成和范围强烈地受到人类的主观选择影响。作为农田与塌陷初期积水区之间的缓冲带，塌陷所导致的演替过程从这里开始，种子库发挥作用，一些先锋物种得以发育，如狗尾草、马唐、猪殃殃（*Galium aparine*）等。同时，该生境也是陆生物种与湿生物种的交流场所，一些湿生物种，如钻叶紫菀、刺儿菜、齿果酸模等，在该生境少量分布。

塌陷初期积水区是采煤塌陷区的主要生境之一，该环境典型的植物物种包括钻叶紫菀、齿果酸模、头状穗莎草、扁秆藨草、芦苇等，国家二级保护植物野大豆主要分布在该生境。这些植物都具备抗涝性较强、耐旱性差的特点，体现了该生境的湿生条件。

新生湿地几乎涵盖了塌陷塘的整个近岸水域。该生境植物的分布层次分明，优势种显著，几乎均为单优群落，呈现出芦苇→狭叶香蒲→莲的分布趋势。

兖州煤田太平采煤区地处华北平原，是我国重要的商品粮生产基地，其耕作方式、农作物类型都具备华北平原农业的特点，其农业景观是由集约化农业与非耕作生境组成的景观镶嵌体。新生湿地的发育成了华北平原农业景观中的"生境岛屿"，为该地区其他生境的生物提供了丰富的"源"，作为生物的栖息地、繁殖地、食物源、避难场所而存在，对于维持生物多样性有极重要的作用。

第四章　采煤塌陷区新生湿地底栖
无脊椎动物多样性

底栖无脊椎动物是指生活史的全部或大部分时间在水体底部的动物群，是湿地生态系统的重要组成部分。一般多生活在海岸带潮间带、河口海湾滩涂和内陆河流、湖泊湿地等。从起源方面来分，底栖无脊椎动物可以分为原生底栖无脊椎动物和次生底栖无脊椎动物。原生底栖无脊椎动物的特点是能直接利用水溶解氧，其种类包括常见的蠕虫、底栖甲壳类、双壳类软体动物等；次生底栖无脊椎动物是由陆地生活的祖先在系统发育过程中重新适应水中生活的动物，主要包括各类水生昆虫、软体动物的肺螺类（Pulmonate snails）等。在实际的研究中，是以底栖无脊椎动物的体形大小来划分的。将不能通过 0.5mm（实际研究中也常用 1mm）孔径网筛的动物称为大型底栖无脊椎动物，能通过 0.5mm 孔径筛网但不能通过 42μm 孔径筛网的动物称为小型底栖无脊椎动物，能通过 42μm 孔径筛网的动物称为微型底栖无脊椎动物。

能够维持底栖无脊椎动物生存的生境十分丰富。按湿地类型，分为浅海底部、潮间带、淡水湖泊、岩礁相、沼泽地等自然湿地，也包括一些人工湿地，如水稻田、水塘等。而按植被类型分，底栖无脊椎动物在芦苇、海三棱藨草（*Scirpusx mariqueter*）、大米草（*Spartina anglica*）、互花米草（*Spartina alterniflora*）、红树林及一些藻类生存的地方都有分布，即使在没有任何植被的潮间带光滩上，很多底栖无脊椎动物也能很好地生存。这是因为涨潮时能够带来很多的有机碎屑和无机矿质元素，足以维持它们的生存。由于底栖无脊椎动物的种类繁多、生境类型复杂，因此底栖无脊椎动物的研究内容丰富，可以按底栖无脊椎动物的大小、栖息的地域或生境底质类型、系统分类上不同类群（如蟹类、虾类、贝类、腹足类、桡足类等）、在生态上的不同类群（如淡水种、盐碱种等）

进行研究。就目前来看，研究对象主要以大型底栖无脊椎动物为多，而对于小型底栖无脊椎动物的研究较少，主要是由于小型底栖无脊椎动物在取样和种类鉴定上存在困难。底栖无脊椎动物栖息的形式多为固着于岩石、植物等基体之上，或埋没于泥沙等松软的底质中；在摄食方法上，以悬浮物摄食（suspension）和沉积物摄食（deposit）居多。作为水生态系统中的一个重要组成部分，底栖无脊椎动物在水体的物质循环和能量流动中有极其重要的作用，其繁殖、种类组成和现存量在不同水体和区域间存在着明显差异，对了解生态系统的结构和功能、水环境监测与评价具有重要意义。

第一节　底栖无脊椎动物种类组成

一、样地设置

调查样地位于兖州市兴隆庄镇东南部、曲阜市陵城镇西南部采煤塌陷区（东经 116°50′～116°55′、北纬 35°30′～35°25′，图 4-1），共选取 9 个塌陷塘作为样地，每个塘设置 3 个定量样点。分别在各采集水体的沿岸带和敞水区设置定量样点 3 个。此外，在各采集水体分别设置 3～5 个定性样点。采集时间为 2015～2017 年，每年 1 月、4 月、7 月、10 月采样。

图 4-1　底栖无脊椎动物调查样地分布

底栖无脊椎动物定量采集使用 1/16m^2 的采泥器，每个样点采集 3 次；定性采集主要使用抄网、拖网结合手捡。泥样经 60 目的铜筛筛洗后在解剖盘中将标本捡出，用 10%甲醛溶液固定后在实验室进行鉴定、计数和称重。

二、种类组成

共采集底栖无脊椎动物 74 种。其中线虫动物 1 种，占 1.35%；环节动物 5 种，占 6.76%；软体动物 18 种，占 24.32%；水生昆虫 48 种，占 64.87%；软甲纲 2 种，占 2.70%（表 4-1）。

表 4-1　研究区内大型底栖无脊椎动物种类组成及季节变化

分类单元	春季	夏季	秋季	冬季
线虫动物门 Nematoda				
线虫纲 Nematodae				
线虫一种 Nematodae sp.	+			+
环节动物门 Annelida				
寡毛纲 Oligochaeta				
颤蚓科 Tubificidae				
霍甫水丝蚓 *Limnodrilus hoffmeisteri*	+	+	+	+
苏氏尾鳃蚓 *Branchiura sowerbyi*	+	+	+	+
管水蚓属一种 *Aulodrilus* sp.				+
蛭纲 Hirudinea				
舌蛭科 Glossiphoniidae				
宽身舌蛭 *Glossiphonia lata*.			+	+
水蛭科 Hirudinidae				
宽体金线蛭 *Whitmania pigra*	+	+		
软体动物门 Mollusca				
腹足纲 Gastropoda				
田螺科 Viviparidae				
中国圆田螺 *Cipangopaludina chinensis*	+		+	
梨形环棱螺 *Bellamya purificata*	+	+	+	+
豆螺科 Bithyniidae				
纹沼螺 *Parafossarulus striatulus*	+	+	+	+
长角涵螺 *Alocinma longicornis*	+			+

续表

分类单元	春季	夏季	秋季	冬季
肋蜷科 Pleuroceridae				
方格短沟蜷 *Semisulcospira cancellata*			+	
膀胱螺科 Physidae				
尖膀胱螺 *Physa acuta*	+	+	+	+
椎实螺科 Lymnaeidae				
狭萝卜螺 *Radix lagotis*	+	+	+	+
椭圆萝卜螺 *Radix swinhoei*	+	+		
小土蜗 *Galba pervia*	+	+	+	+
截口土蜗 *Galba turncatula*	+			
扁卷螺科 Planorbidae				
尖口圆扁螺 *Hippeutis cantori*	+	+	+	+
大脐圆扁螺 *Hippeutis umbilicalis*	+		+	+
凸旋螺 *Gyraulus convexiusculus*		+	+	+
扁旋螺 *Gyraulus compressus*	+			
半球多脉扁螺 *Polypylis hemisphaerula*				+
双壳纲 Bivalvia				
蚌科 Unionidae				
背角无齿蚌 *Anodonta woodiana*	+	+		
褶纹冠蚌 *Cristaria plicata*	+	+		
蚬科 Corbiculidae				
河蚬 *Corbicula fluminea*	+			
节肢动物门 Arthropoda				
昆虫纲 Insecta				
双翅目 Diptera				
摇蚊科 Chironomidae				
摇蚊属一种 *Chironomus*	+	+	+	+
羽摇蚊 *Chironomus plumosus*	+	+	+	+
隐摇蚊属一种 *Cryptochironomus* sp.			+	
雕翅摇蚊属一种 *Glyptotendipes* sp.	+	+	+	+
水摇蚊属一种 *Hydrobaenus* sp.				+
多足摇蚊属一种 *Polypedilum* sp.	+	+	+	+
长跗摇蚊属一种 *Tanytarsus* sp.		+	+	

续表

分类单元	春季	夏季	秋季	冬季
齿斑摇蚊属一种 *Stictochironomus* sp.	+			
环足摇蚊属一种 *Cricontopus* sp.	+		+	+
恩非摇蚊属一种 *Einfeldia* sp.	+	+	+	+
二叉摇蚊属一种 *Dicrotendipes* sp.	+			+
菱跗摇蚊属一种 *Clinotanypus* sp.	+			
刀突摇蚊属一种 *Psectrocladius* sp.	+			+
内摇蚊属一种 *Endochironomus* sp.				
前突摇蚊属一种 *Procladius* sp.	+	+	+	+
直突摇蚊属一种 *Orthocladius* sp.	+			+
无突摇蚊属一种 *Ablabesmyia* sp.	+			
间摇蚊属一种 *Paratendipes* sp.			+	
毛突摇蚊属一种 *Chaetocladius* sp.	+			
枝角摇蚊属一种 *Cladopelma* sp.	+			
寡角摇蚊属一种 *Diamesa* sp.	+			
特维摇蚊属一种 *Tvetenia* sp.	+			+
长足摇蚊属一种 *Tanypus* sp.	+	+	+	+
裸须摇蚊属一种 *Propsilocerusi* sp.	+	+	+	+
库蠓属一种 *Culicoides* sp.		+	+	+
家蝇 *Musca domestica*			+	
大蚊科一种 Tipulidae sp.	+	+		
毛翅目 Trichoptera				
石蛾属一种 *Phryganea* sp.	+		+	
蜻蜓目 Odonata				
春蜓属一种 *Gomphus* sp.	+		+	+
大蜓科一种 Cordulegastridae sp.				
蜓属一种 *Aeshna* sp.	+		+	+
尾蜓属一种 *Anax* sp.	+			+
蜻科一种 Libellulidae sp.	+	+	+	+
蟌科一种 Coenagrionidae sp.	+	+		+
丝蟌属一种 *Lestes* sp.				+
二色瘦蟌 *Ischnura Iabata*				+
赭细蟌 *Aciagrion hisopa*	+			

67

续表

分类单元	春季	夏季	秋季	冬季
半翅目 Hemiptera				
田鳖科一种 Belostomatidae sp.				
负子蝽 *Kirkaldyia deyrollei*		+	+	
划蝽科一种 Corixidae sp.	+	+	+	+
鞘翅目 Coleoptera				
中华真龙虱 *Cybister chinensis*		+	+	+
圆脸粒龙虱 *Laccophilus difficillis*		+		+
青布甲属一种 *Chlaenius* sp.			+	
邵氏长泥甲 *Heterocerus sauteri*		+	+	
长泥甲科一种 Heteroceridae sp.			+	
水龟甲科一种 Hydrophilidae sp.	+			
蜉蝣目 Ephemeroptera				
短丝蜉属一种 *Siphlonurus* sp.				+
四节蜉属一种 *Baetis* sp.	+		+	+
十足目 Decapoda				
中华小长臂虾 *Palaemonetes sinensis*				+
克氏原螯虾 *Procambarus clarkii*		+		

从季节上来看，春季大型底栖无脊椎动物的种类最多，有49种，其次为冬季（42种）、秋季（38种）、夏季（32种）。

此外，各类群也呈现出相应的季节变化（表4-2）。水生昆虫在各季节所占比例均较大；软体动物、寡毛纲动物所占比例相对较稳定，其中，外来入侵种尖膀胱螺（*Physa acuta*）分布比较广泛。

表4-2　各采集水体底栖无脊椎动物丰度

		塘1	塘2	塘3	塘4	塘5	塘6	塘7	塘8	塘9
春季	环节动物	1	1	1	1	1	3	0	2	2
	软体动物	1	0	1	0	5	4	5	5	7
	水生昆虫	9	5	6	9	17	13	9	15	11
	其他动物	0	0	1	0	0	0	0	0	0
	合计	11	6	9	10	23	20	14	22	20
夏季	环节动物	2	2	2	3	1	1	0	1	2
	软体动物	3	1	1	1	1	0	5	4	4

		塘1	塘2	塘3	塘4	塘5	塘6	塘7	塘8	塘9
夏季	水生昆虫	6	8	4	6	5	5	9	4	2
	其他动物	0	0	0	0	0	0	0	0	0
	合计	11	11	7	10	7	6	14	9	8
秋季	环节动物	0	1	2	2	1	2	2	2	2
	软体动物	2	0	0	0	3	1	5	7	5
	水生昆虫	9	5	5	7	10	11	12	12	13
	其他动物	0	0	0	0	0	0	0	0	0
	合计	11	6	7	9	14	14	19	21	20
冬季	环节动物	1	1	4	2	0	2	0	1	2
	软体动物	2	1	1	1	5	4	5	3	4
	水生昆虫	11	7	11	5	7	10	9	7	17
	其他动物	1	1	1	1	0	0	0	0	0
	合计	15	10	17	8	12	16	14	10	23

第二节　底栖无脊椎动物群落数量特征

一、密度与生物量

春季各塌陷塘底栖无脊椎动物的平均密度为1834.08ind/m^2，各样地的密度为222.22～6813.33ind/m^2，其中水生昆虫的密度最高（1447.41ind/m^2），软体动物次之（228.15ind/m^2），两者分别占总密度的78.92%和12.44%，两者密度之和占总密度的91.36%，环节动物寡毛类和其他动物的密度分别为156.05ind/m^{2}和2.47ind/m^2。各塌陷塘底栖无脊椎动物的平均生物量为31.27g/m^2，各样地的生物量为1.18～178.26g/m^2，其中软体动物的生物量最高，达23.62g/m^2，占总生物量的75.53%；其次为水生昆虫（6.63g/m^2），占总生物量的21.2%；其他动物和环节动物寡毛类的生物量分别为0.20g/m^{2}和0.82g/m^2（表4-3）。

表 4-3 春季各采集水体底栖无脊椎动物密度与生物量

样地	环节动物寡毛类		软体动物		水生昆虫		其他动物		合计	
	密度/ (ind/m²)	生物量/ (g/m²)	密度/ (ind/m²)	生物量/ (g/m²)	密度/ (ind/m²)	生物量/ (g/m²)	密度/ (ind/m²)	生物量/ (g/m²)	密度/ (ind/m²)	生物量/ (g/m²)
塘1	4.44	0	8.89	1.59	1 711.11	11.79	0	0	1 724.44	13.38
塘2	524.44	0.33	0	0	320	4.47	0	0	844.44	4.80
塘3	422.22	0.35	4.44	0.46	626.67	7.97	4.44	0.01	1 057.77	8.79
塘4	80	0.12	0	0	142.22	1.06	0	0	222.22	1.18
塘5	4.44	0.04	151.11	8.91	1 186.67	8.63	0	0	1 342.22	17.58
塘6	31.11	0.95	160	4.62	1 568.89	5.26	8.89	1.12	1 768.89	11.95
塘7	4.44	0.01	955.56	5.74	5 844.44	9.84	8.89	0.71	6 813.33	16.30
塘8	31.11	0.10	88.89	172.90	533.33	5.26	0	0	653.33	178.26
塘9	302.22	5.50	684.44	18.39	1 093.33	5.40	0	0	2 079.99	29.29
平均	156.05	0.82	228.15	23.62	1 447.41	6.63	2.47	0.20	1 834.08	31.27

夏季各塌陷塘底栖无脊椎动物的平均密度为 781.88ind/m²，各样地的密度为 32.00~2542.22ind/m²，其中环节动物寡毛类的密度最高（440.99ind/m²），水生昆虫次之（284.05ind/m²），两者分别占总密度的 56.41%和 36.33%，两者密度之和占总密度的 92.74%，软体动物和其他动物的密度分别为 55.80ind/m² 和 0.99ind/m²；各塌陷塘底栖无脊椎动物的平均生物量为 8.48g/m²，各样地的生物量为 0.05~24.81g/m²，其中软体动物的生物量最高，达 4.74g/m²，占总生物量的 55.89%，其次为水生昆虫（3.09g/m²），占总生物量的 36.44%，环节动物寡毛类和其他动物的生物量分别为 0.60g/m² 和 0.05g/m²（表 4-4）。

表 4-4 夏季各采集水体底栖无脊椎动物密度与生物量

样地	环节动物寡毛类		软体动物		水生昆虫		其他动物		合计	
	密度/ (ind/m²)	生物量/ (g/m²)	密度/ (ind/m²)	生物量/ (g/m²)	密度/ (ind/m²)	生物量/ (g/m²)	密度/ (ind/m²)	生物量/ (g/m²)	密度/ (ind/m²)	生物量/ (g/m²)
塘1	13.33	0.01	48.89	5.50	328.89	2.79	0	0	391.11	8.30
塘2	1 053.33	0.68	4.44	0.66	737.78	2.38	0	0	1 795.55	3.72
塘3	1 866.67	1.26	4.44	0.03	671.11	12.40	0	0	2 542.22	13.69
塘4	564.44	1.09	4.44	0.46	248.89	6.40	4.44	0.30	822.21	8.25
塘5	0	0	13.33	0.05	75.56	0.14	4.44	0.19	93.33	0.38
塘6	4.44	0.01	0	0	27.56	0.04	0	0	32.00	0.05
塘7	0	0	231.11	21.54	382.22	3.27	0	0	613.33	24.81

续表

样地	环节动物寡毛类		软体动物		水生昆虫		其他动物		合计	
	密度/ (ind/m²)	生物量/ (g/m²)	密度/ (ind/m²)	生物量/ (g/m²)	密度/ (ind/m²)	生物量/ (g/m²)	密度/ (ind/m²)	生物量/ (g/m²)	密度/ (ind/m²)	生物量/ (g/m²)
塘8	311.11	0.35	17.78	7.59	57.78	0.15	0	0	386.67	8.09
塘9	155.56	2.02	177.78	6.83	26.67	0.21	0	0	360.01	9.06
平均	440.99	0.60	55.80	4.74	284.05	3.09	0.99	0.05	781.88	8.48

秋季各塌陷塘底栖无脊椎动物的平均密度为3111.11ind/m²，各样地的密度为293.33～10 546.7ind/m²，其中水生昆虫的密度最高（2827.16ind/m²），软体动物次之（182.71ind/m²），两者分别占总密度的90.87%和5.87%，两者密度之和占总密度的96.74%，环节动物寡毛类和其他动物的密度分别为100.74ind/m²和0.49ind/m²；各塌陷塘底栖无脊椎动物的平均生物量为17.65g/m²，各样地的生物量为1.66～42.20g/m²，其中软体动物的生物量最高，达9.13g/m²，占总生物量的51.73%，其次为水生昆虫（7.78g/m²），占总生物量的44.08%，其他动物和环节动物寡毛类的生物量分别为0.01g/m²和0.73g/m²（表4-5）。

表 4-5　秋季各采集水体底栖无脊柱动物密度与生物量

样地	环节动物寡毛类		软体动物		水生昆虫		其他动物		合计	
	密度/ (ind/m²)	生物量/ (g/m²)	密度/ (ind/m²)	生物量/ (g/m²)	密度/ (ind/m²)	生物量/ (g/m²)	密度/ (ind/m²)	生物量/ (g/m²)	密度/ (ind/m²)	生物量/ (g/m²)
塘1	0	0	115.56	1.77	6 573.33	18.32	0	0	6 688.89	20.09
塘2	222.22	0.12	0	0	71.11	1.54	0	0	293.33	1.66
塘3	80.00	0.65	0	0	586.67	11.35	0	0	666.67	11.41
塘4	120.00	0.12	0	0	511.11	3.58	0	0	631.11	3.70
塘5	4.44	0	120.00	2.15	1 231.11	2.51	0	0	1 355.55	4.66
塘6	137.78	1.15	35.56	0.14	1 0373.3	8.83	0	0	10 546.70	10.12
塘7	93.33	0.08	1040.00	31.35	1 564.44	7.16	4.44	0.09	2 702.21	38.68
塘8	44.44	0.04	106.67	33.33	3 435.56	8.83	0	0	3 586.67	42.20
塘9	204.44	4.99	226.67	13.46	1 097.78	7.91	0	0	1 528.89	26.36
平均	100.74	0.73	182.71	9.13	2 827.16	7.78	0.49	0.01	3 111.11	17.65

冬季各塌陷塘底栖无脊椎动物的平均密度为1844.44ind/m²，各样地的密度为222.22～3955.56ind/m²，其中水生昆虫的密度最高（1662.72ind/m²），软体动物次之（106.17ind/m²），两者分别占总密度的90.18%和5.76%，两者密度之和占总密度的95.94%，环节动物寡毛类和其他动物的密度分别为64.69ind/m²和10.86ind/m²；各塌陷塘底栖无脊椎动物的平均生物量为13.31g/m²，各样地

的生物量为 0.93～34.01g/m²，其中水生昆虫的生物量最高，达 6.59g/m²，占总生物量的 49.51%，其次为软体动物（6.22g/m²），占总生物量的 46.73%，其他动物和寡毛类的生物量分别为 0.06g/m² 和 0.44g/m²（表 4-6）。

表 4-6　冬季各采集水体底栖无脊柱动物密度与生物量

样地	环节动物寡毛类		软体动物		水生昆虫		其他动物		合计	
	密度/ (ind/m²)	生物量/ (g/m²)	密度/ (ind/m²)	生物量/ (g/m²)	密度/ (ind/m²)	生物量/ (g/m²)	密度/ (ind/m²)	生物量/ (g/m²)	密度/ (ind/m²)	生物量/ (g/m²)
塘1	0	0	240.00	17.40	3697.78	16.47	17.78	0.14	3955.56	34.01
塘2	346.67	0.24	4.44	3.34	1777.78	4.17	4.44	0.01	2133.33	7.76
塘3	57.78	0.06	4.44	0.45	2057.78	13.79	66.67	0.39	2186.67	14.69
塘4	48.89	0.1	4.44	0.43	160.00	0.39	8.89	0.01	222.22	0.93
塘5	0	0	293.33	3.82	400.00	1.01	0	0	693.33	4.83
塘6	35.56	2.98	17.78	7.88	1537.78	3.63	0	0	1591.12	14.49
塘7	0	0	106.67	5.29	462.22	1.79	0	0	568.89	7.08
塘8	31.11	0.02	31.11	10.64	3351.11	11.87	0	0	3413.33	22.53
塘9	62.22	0.56	253.33	6.71	1520.00	6.17	0	0	1835.55	13.44
平均	64.69	0.44	106.17	6.22	1662.72	6.59	10.86	0.06	1844.44	13.31

由图 4-2 可以看出，大型底栖无脊椎动物 4 个季节的密度和生物量变化是一致的，夏季底栖无脊椎动物的密度和生物量均为最低，春季底栖无脊椎动物生物量最高，秋季底栖无脊椎动物密度最高。

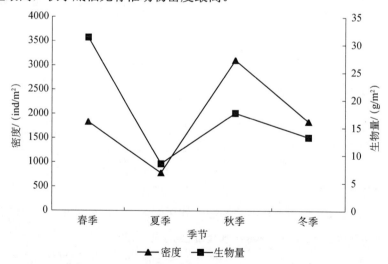

图 4-2　底栖无脊椎动物密度和生物量的季节变化

各动物类群密度的变化趋势基本一致，均呈现出随塌陷塘形成的时间而变化，均在塌陷塘形成的初期快速增长之后又下降，而后随着年限的增加，各类群则趋于稳定。这主要是由于虽然各样地均为塌陷塘，但伴随着塌陷年限的增加，事实上在坡度、底质土壤潜育化程度、水深等方面仍存在差异。例如，塌陷年限较长的塘底质更松软，而塌陷初期的塘底质为硬泥，前者更适合双翅目的水生昆虫生长繁殖；而塌陷初期的塘普遍水深较浅且塌陷程度不均一，则更适合半翅目的昆虫生长繁殖。

　　总的来看，塌陷塘在形成初期可能由于环境条件恶劣导致生物存活率低，物种种类单一、数量稀少。随着时间的推移，塌陷区内营养条件好转，土壤潜育化程度逐渐提高，底质结构更加稳定，使得物种种类、数量迅速发展。但达到一定程度后，物种数量会减少并最终稳定在一定水平。

二、优势种类

　　采煤塌陷区新生湿地大型底栖无脊椎动物优势种为狭萝卜螺（*Radix lagotis*）、霍普水丝蚓（*Limnodrilus hoffmeisteri*）、雕翅摇蚊属一种（*Glyptotendipes* sp.）、摇蚊属一种（*Chironomus* sp.）、裸须摇蚊属一种（*Propsilocerusi* sp.）、恩非摇蚊属一种（*Einfeldia* sp.）（表 4-7），其密度（平均值）分别为 54.32ind/m^2、161.48ind/m^2、573.95ind/m^2、511.98ind/m^2、65.43ind/m^2、157.41ind/m^2，合计占总密度的 79.92%，其生物量（平均值）为 3.52g/m^2、0.11g/m^2、1.53g/m^2、1.34 g/m^2、1.04 g/m^2、0.24g/m^2，合计占总生物量的 39.29%。

表 4-7　采煤塌陷区底栖无脊椎动物优势种的密度及生物量季节变化

物种	密度/（ind/m^2）				生物量/（g/m^2）			
	春季	夏季	秋季	冬季	春季	夏季	秋季	冬季
狭萝卜螺	106.17	21.23	42.96	46.91	4.59	1.93	4.35	3.19
霍普水丝蚓	118.02	416.79	57.78	53.33	0.10	0.27	0.03	0.03
雕翅摇蚊属一种	634.57	33.58	869.63	758.02	1.16	0.05	2.32	2.59
摇蚊属一种	300.74	109.14	1101.73	536.30	0.85	1.31	1.08	2.12
裸须摇蚊属一种	60.74	46.42	37.53	117.04	1.36	0.85	1.40	0.55
恩非摇蚊属一种	67.16	57.78	443.46	61.23	0.11	0.05	0.68	0.11

　　底栖无脊椎动物密度的季节变化主要与霍甫水丝蚓和红裸须摇蚊（*Propsilocerus akamusi*）的数量有关，而生物量的季节变化主要与腹足类和水生昆虫双翅目幼虫的大小和数量有关。环节动物寡毛类密度高峰出现在夏季，寡毛

类喜好粒径较小、营养水平较高的底质生境，营养水平高的底质生境会引起环节动物寡毛类密度和生物量的增加，尤其是耐污度极高的直接收集者霍甫水丝蚓（*Limnodrilus hoffmeisteri*）和苏氏尾鳃蚓（*Branchiura sowerbyi*）。摇蚊密度高峰出现在冬季，其他三个季节显著下降，夏季达到最低。这主要是由于当底层水温大于19℃时，摇蚊幼虫发生垂直迁移，绝大多数迁移到20~40cm深的底质中，因而导致夏季摇蚊幼虫的数量最低。腹足类软体动物在春季开始繁殖（螺体内含有很多胚螺），夏季密度增加，但此时个体较小，秋季个体长大，到了冬季以后，大个体开始死亡，因而软体动物的密度在夏季和秋季高，冬季和春季最低，而生物量在秋季高。水生昆虫鞘翅目、半翅目及蜻蜓目种类夏季密度上升，在生物量方面有明显的贡献。

第三节　底栖无脊椎动物多样性特征

一、底栖无脊椎动物多样性的空间特征

研究区内底栖无脊椎动物多样性空间特征及动态见图 4-3 和图 4-4。

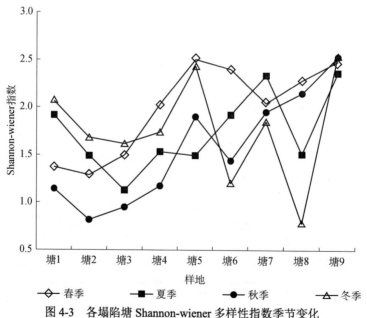

图 4-3　各塌陷塘 Shannon-wiener 多样性指数季节变化

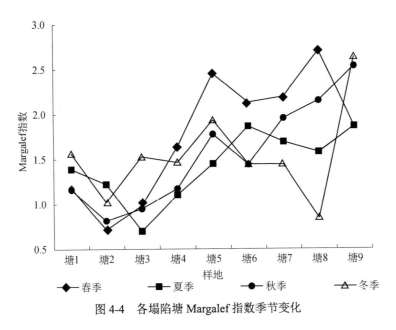

图 4-4　各塌陷塘 Margalef 指数季节变化

从图 4-3 可以看出，春季各塌陷塘 Shannon-wiener 指数为 1.28～2.50，其中塘 5 最高，群落复杂程度最高；塘 9 次之，塘 2 的 Shannon-wiener 指数最低，群落复杂程度较低；夏季各塌陷塘的 Shannon-wiener 指数为 1.13～2.36，其中塘 9 最高，塘 7 次之，塘 3 最低；秋季各塌陷塘的 Shannon-wiener 指数为 0.81～2.53，其中塘 9 最高，塘 8 次之，塘 2 最低；冬季各塌陷塘的 Shannon-wiener 指数为 0.78～2.55，塘 9 最高，塘 5 次之，塘 8 最低。

从图 4-4 可知，春季各塌陷塘 Margalef 指数为 0.71～2.79，其中塘 8 最高，塘 5 次之，塘 2 最低；夏季各塌陷塘 Margalef 指数为 0.70～1.86，其中塘 9 最高，塘 6 次之，塘 3 最低；秋季各塌陷塘 Margalef 指数为 0.82～2.53，其中塘 9 最高，塘 8 次之，塘 2 最低；冬季各塌陷塘 Margalef 指数为 0.84～2.64，其中塘 9 最高，塘 5 次之，塘 8 最低。塘 9 的种类丰富程度最大，其次依次为塘 5、塘 8、塘 7、塘 6、塘 4、塘 1、塘 3，塘 2 的种类丰富程度最低。

二、底栖无脊椎动物多样性的时间动态

研究区内底栖无脊椎动物多样性的时间动态见图 4-5 和图 4-6。

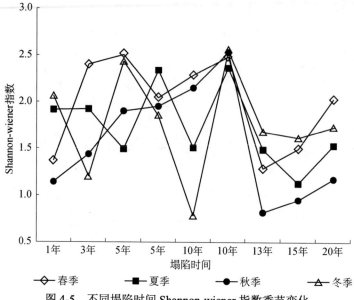

图 4-5　不同塌陷时间 Shannon-wiener 指数季节变化

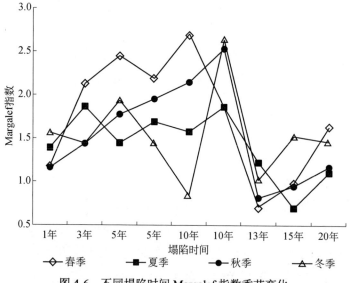

图 4-6　不同塌陷时间 Margalef 指数季节变化

随着塌陷年限的增长（图 4-5），群落的复杂程度随之变化，呈现出明显的先增高后降低，最后趋于稳定的趋势，且在 4 个季节均有体现。从图 4-6 中可以看出，随着塌陷年限的增加，Margalef 指数在前 10 年持续增高，10 年之后有一个较大的回落，然后再缓慢提高，最终达到稳定。

由于早期的塌陷塘内基底塌陷程度不均一，塌陷的坡向和趋势并不显著，没有形成明显的水深梯度，加上营养元素含量较少，只吸引了一些迁移能力、适应能力较强的先锋物种迁入，如雕翅摇蚊属（*Glyptotendipes* sp.）、羽摇蚊（*Chironomus plumosus*）等。这些物种在塌陷塘内定居后没有天敌，大量繁殖成为优势种，因此在塌陷早期阶段，种类相对较少。伴随着塌陷时间的增长，塌陷塘内的水体养分逐渐增多，水生植被及其他生物逐渐丰富起来，随着底质有机质含量不断提高，吸引了更多的物种迁入。在塌陷 10 年之后，底栖无脊椎动物群落逐渐趋于稳定，多样性和群落丰富度因此出现了较大的回落，在之后的塌陷阶段又慢慢提高。

第四节　底栖无脊椎动物功能群分析

底栖无脊椎动物功能群（functional group）是具有相似生态功能的底栖无脊椎动物物种的组合。有研究表明，物种多样性和功能群的组成是影响群落生产力、稳定性的主要因子，功能群组成及功能群间的相互作用对群落生产力、稳定性具有极其重要的作用。用功能群的方法，可以避免群落在短时间内群落时空变化带来的影响，有利于认识生态系统的结构和功能，弱化物种的个别作用。

在水生生态系统的研究中，依据食性功能可以将大型底栖无脊椎动物划分为刮食者（scraper）、撕食者（shredder）、直接收集者（collector-catherer）、过滤收集者（collector-filterer）和捕食者（predator）等功能群类型。不同的底栖无脊椎动物对食物的摄取方式差异很大，因此不同食物的丰富度及分布对底栖无脊椎动物功能摄食类群分布的影响至关重要。在湖泊的沿岸带和亚沿岸带区域，由于底栖无脊椎动物的食物非常多样，各种摄食类群均有分布；而在深水区，底栖无脊椎动物的食物来源主要以底泥中的有机颗粒为主，其功能摄食类群则以收集者为主。在浅水湖泊，功能摄食类群的分布受水生高等植物分布的影响较大，在草型湖泊中，底栖无脊椎动物的丰度主要以刮食者和收集者为主，而在藻型湖泊中，收集者和捕食者则成为主要的摄食类群。功能摄食群对食物的选择和适宜性因不同位置的营养类型而不同。一般撕食藻类的物种生活在河床底质表面，滤食者会出现在流水处，食腐者则一般出现在底质颗粒之间的缝隙中。Quinn 和 Hickey 在 1994 年发现，功能群还与水流动力学特性有关，滤食者常出现在流速和颗粒雷诺数高的水域，而食腐者则出现在颗粒雷诺数较低的水域处，因为此处容易收集碎屑。有许多底栖物种的摄食功能并不单一，而是几种摄食类型的组合和交叠，因此 Chevenet 等在 1994 年指出，把一类动物归类于单一的功能类别可能会导致生物的不准确特征描述。目前，国际上关于大型底栖无脊椎动物功能摄食类群研究主要分为两类：①研究大型底栖无脊椎动物功能摄食类群对人类活动的响应；②建立功能类群的评价体系及应用。我国专门针对淡水大型底栖无脊椎动物功能摄食类群的报道不多。

项目组于春季（4月）、夏季（7月）、秋季（10月）、冬季（1月）对采煤塌陷区新生湿地的 9 个塌陷塘进行了调查研究，对大型底栖无脊椎动物功能摄食类群时空分布进行研究，为采煤塌陷区新生湿地的保护和管理提供基础数据。

一、大型底栖无脊椎动物功能摄食类群组成

研究表明，研究区内共有底栖无脊椎动物功能摄食类群 5 种，分别为刮食者、撕食者、过滤收集者、直接收集者和捕食者。4 个季度均为 5 种类群。

根据大型底栖无脊椎动物的食性类型，参考 Cummins 和 Bode 等关于大型底栖无脊椎动物功能摄食类群的分类方法，将采煤塌陷区新生湿地大型底栖无脊椎动物划分为以下 5 类（表 4-8）。

表 4-8　采煤塌陷区新生湿地大型底栖无脊椎动物功能摄食类群组成

功能摄食类群	分类标准	物种丰度
刮食者	主要以各种营固着生活的生物类群为食，如着生藻类等	9
撕食者	主要以各种凋落物和粗有机质颗粒为食（粒径>1mm）	8
捕食者	以捕食其他水生动物为食	25
直接收集者	以有机碎屑为食	20
过滤收集者	以碎屑、细菌和浮游植物为食物	1

二、大型底栖无脊椎动物功能摄食类群生物量与相对丰度

从相对丰度角度来看（图 4-7），春季塘 6、塘 8、塘 9 类群较丰富，塘 6

以捕食者和过滤收集者为主，塘8、塘9分别以过滤收集者和直接收集者为主；塘1、塘7以过滤收集者为主，直接收集者次之；塘4以直接收集者为主，撕食者次之；塘2、塘3、塘5以直接收集者为主，并占据主要地位。

从生物量的角度来看（图4-8），春季塘2、塘3、塘8较单一，前两者以直接收集者为主，后者以刮食者为主；塘1以过滤收集者为主，捕食者次之；塘4以捕食者为主，直接收集者次之；塘5、塘6、塘7、塘9类群较丰富，以刮食者为主。

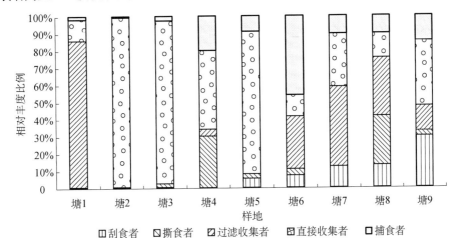

图4-7 各塌陷塘底栖无脊柱动物功能摄食类群春季相对丰度分布

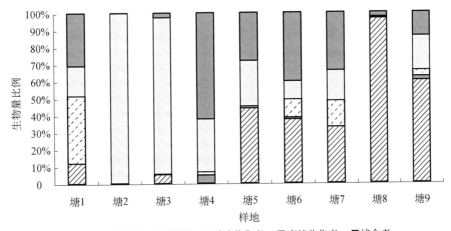

图4-8 各塌陷塘底栖无脊柱动物功能摄食类群春季生物量分布

从相对丰度角度来看（图4-9），夏季塘2、塘3、塘4、塘5、塘6、塘8

类群较单一，均以直接收集者为主；塘7、塘9类群相对丰富，以直接收集者为主，刮食者次之；塘1以直接收集者和过滤收集者为主。

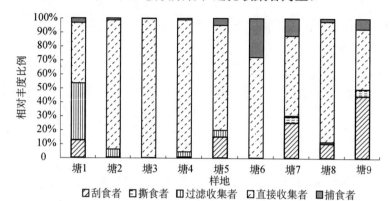

图4-9　各塌陷塘底栖无脊柱动物功能摄食类群夏季相对丰度分布

从生物量的角度来看（图4-10），夏季塘2、塘3、塘6、塘8类群较单一，塘2、塘3、塘6以直接收集者为主，塘8以刮食者为主；塘4、塘5以捕食者为主；塘1、塘7、塘9以刮食者为主。

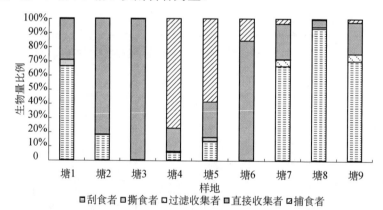

图4-10　各塌陷塘底栖无脊椎动物功能摄食类群夏季生物量分布

从相对丰度角度来看（图4-11），秋季塘5、塘7、塘9底栖无脊柱动物功能摄食类群均较丰富，塘5以直接收集者和过滤收集者为主，塘7以直接收集者为主，刮食者次之；塘1以过滤收集者为主，直接收集者次之；塘9的直接收集者和捕食者占优势；塘2、塘3、塘6以直接收集者为主，并占据主要地位。

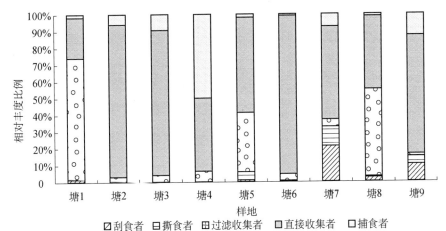

图 4-11 各塌陷塘底栖无脊柱动物功能摄食类群秋季相对丰度分布

从生物量的角度来看（图 4-12），秋季塘 1、塘 2、塘 3、塘 4、塘 6 较单一，其中塘 1 以过滤收集者为主，而后 4 者主要以直接收集者为主；塘 5 类群较多，主要以直接收集者为主；塘 7、塘 8、塘 9 则主要以刮食者为主。

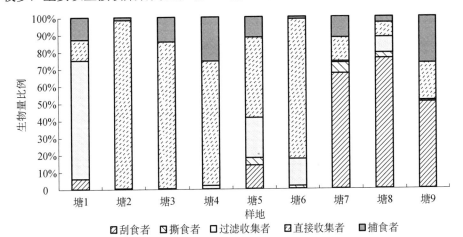

图 4-12 各塌陷塘底栖无脊柱动物功能摄食类群秋季生物量分布

从相对丰度来看（图 4-13），冬季塘 5、塘 9 底栖无脊椎动物功能摄食类群均较丰富，以直接收集者为主，其他类群均有分布；塘 1、塘 8 以直接收集者和过滤收集者为主，直接收集者次之；塘 8 以过滤收集者为优势；塘 2、塘 3、塘 4、塘 6、塘 7 以直接收集者为主，并占据主要地位。

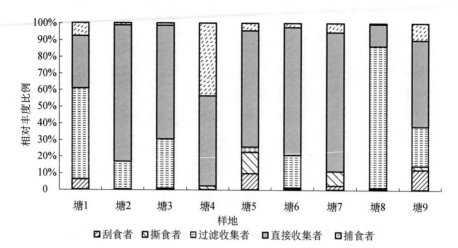

图 4-13　各塌陷塘底栖无脊柱动物功能摄食类群冬季相对丰度分布

从生物量的角度来看（图 4-14），冬季新生湿地各类群较丰富。其中，塘1、塘2、塘6、塘7以直接收集者和刮食者为主；塘4、塘5以直接收集者和撕食者为主；塘3以直接收集者为主；塘8以过滤收集者和刮食者为主；塘9以刮食者和捕食者为主。

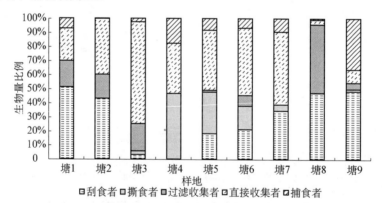

图 4-14　各塌陷塘底栖无脊椎动物功能摄食类群冬季生物量分布

总的来看，直接收集者最多，其次是刮食者、捕食者、撕食者，而过滤收集者最少。可以看出整个塌陷区功能摄食类群较丰富，群落结构比较复杂。在塌陷塘形成的早期，主要以过滤收集者为主（塘1）；而塌陷5年的塘内则主要以直接收集者为主（塘5、塘6），在这一阶段过滤收集者在群落内仍然有较高的贡献，捕食性物种开始逐渐定居；在塌陷10年左右的塘内（塘7、塘8、塘9），塌陷已经进展到一定程度，湖岸比较稳定，刮食者（以软体动物为主）稳定分布，并且在生物量方面占据主要地位；而在塌陷15～20年的塘内（塘2、塘3、塘4），因为基本停止塌陷，塌陷塘的面积及湖岸完全稳定，基本上均以直接收集者为主，特别是个体较大的物种，如红裸须摇蚊（*Propsilocerus akamusi*）等。

各样地的优势功能群也较好地反映了各自的生境特点，如塘1（塌陷2年）主要以过滤收集者为主，过滤收集者的主要物种是雕翅摇蚊属一种（*Glyptotendipes* sp.），该物种喜欢栖息于富含碎屑沉积物的环境，而在塌陷初期的塘内底质表层有大量的碎屑沉积物（包括塌陷之前的农作物残体等），且收集者喜好水流流速较低的生境，在塌陷初期，作为先锋物种的雕翅摇蚊属一种（*Glyptotendipes* sp.）在此定居且大量繁殖。塘7、塘8、塘9主要以刮食者和直接收集者为主，直接收集者主要物种有苏氏尾鳃蚓（*Branchiura sowerbyi*）、尖膀胱螺、羽摇蚊等。这些物种都喜欢栖息在有水草分布的较浅的静水水体中，而这三个塘中大量分布着挺水植物和沉水植物，满足了两个类群物种的摄食要求。另外，这些塘中底质表层存在大量植物残体（包括玉米、芡实等），在底质表层又形成了异质化的环境，附生更多的藻类和水生植物，为刮食者提供更多食物来源。塘2、塘3、塘4主要以直接收集者为主，组成物种主要为红裸须摇蚊、霍普水丝蚓（*Limnodrilus hoffmeisteri*），都是典型的耐污物种，说明水体已经遭受到一定的污染。

第五节　底栖无脊椎动物群落演替特征

研究区域是采煤塌陷后形成的新生湿地。这类湿地一般是自然进出口封闭的水体，中间深、四周浅，从形态上来看，类似于天然湖泊湿地，但其物理、化学、生物过程与一般的河流、湖泊等明显不同。从演替的类型来看，塌陷区新生湿地的生物群落演替是典型的原生演替，这类湿地大多形成时间较短，正处于演替初级阶段，其生物的出现和演替规律具有独特性。随塌陷时间的不同，生物群落发生相应的变化，从目前湿地生物群落的空间排列格局能够清楚地看出各个演替阶段。底栖无脊椎动物是初级消费者优势类群,在水生态系统中占据着承上启下的关键位置,是生态系统中物质循环和能量流动的积极消费者和转移者,其群落结构和功能与水体的大多数物理、化学和地质过程密切相关,是环境状况有效和可靠的指示类群。

原生演替是生态系统在严重干扰事件产生的贫瘠地表上发育的过程,始于植物、动物、微生物在新地表上的定居,其过程受到局部环境条件以及定居点形成历史的影响。通过对底栖无脊椎动物数据的分析,可以看出在早期的原生演替过程中,水生昆虫类(如蜻蜓)最早出现,这一现象与蜻蜓的生活史有关。幼体的蜻蜓在成熟后会爬出水面攀附在岩石或植物上羽化为成虫。在成虫后蜻蜓会进行交配,将卵产在水体中,其生活史跨越水陆两域,能够在不同的区域进行繁殖。另外,在演替早期,湿地的食物资源并不丰富,大多数物种无法在这里生存,只有少量撕食者或某些生物能够繁衍。而对于某些外来入侵物种,如尖膀胱螺,常在沿岸带爬行或匍匐于泥底、水生植物或碎砖瓦石上,有的个体以广阔的腹足向上、贝壳向下的方式缓慢地在水面下游泳活动,易附着于鸟类身体上,通过鸟类的活动入侵其他水域。而对于其他大多数底栖无脊椎动物,需经过长时间的演替才逐渐出现。在经过一段时间后,水体中水生植被的腐烂以及农业面源或点源污染,使水体中营养物质不断增加,为大型底栖物种提供了食物来源,底栖无脊椎动物种类和数量均逐渐增长,其中环节动物寡毛类的密度明显提高;但水体污染程度的上升,耐污能力较差的物种多样性急剧下降,形成了耐污能力较强的物种占据优势地位的局面。此外,塌陷塘内鱼类的养殖,也促进了底栖无脊椎动物(特别是软体动物)的出现和扩散,这主要是由于在投放鱼苗的过程中,往往夹杂有一些软体动物,而这些生物进入新环境后,种群迅速增长,这在湖心岛水体体现得最为明显。

华北平原属于暖温带季风气候,采煤塌陷形成的封闭性湖泊,自净能力较差,塌陷前土地利用类型以农田为主,少数塌陷塘因与矿井联通,底质内含有煤炭废弃物粉煤灰和煤矸石,是一种特殊的淡水生态类型。与我国大型淡水湖泊相比,塌陷塘大型底栖无脊椎动物的生物多样性较低,群落结构相对简单,这应与水域面积、大型水生植物、底质异质性、沉积物稳定程度以及表面构造等诸多环境因素密切相关。兖州煤田太平采煤区塌陷塘形成时间较短,湖面相对较小，湖底异质性较差，有机质贫瘠，湖水碱性大（常年 pH 值>8.0），化学成分复杂，这些都是兖州煤田太平采煤区塌陷塘大型底栖无脊椎动物数目较低、群落结构较简单的重要原因。

第六节　特征性底栖无脊椎动物及其生境

通过分析表明，新生湿地底栖无脊椎动物多样性分布与其他湿地底栖无脊椎动物多样性相近，说明新生湿地与其他湿地类型一样能够满足底栖无脊椎动物生存所需要的条件与资源。从底栖无脊椎动物多样性角度来看，采煤塌陷区新生湿地在其他湿地面积不断减少的今天，可作为湿地资源的重要补充。新生湿地作为一种独特的湿地类型，其动态发育与其他湿地类型存在差异。为了解新生湿地的环境变化与生态系统健康，筛选新生湿地中的代表性指示底栖无脊椎动物具有重要意义。在新生湿地典型生境底栖无脊椎动物的研究中，不同季节在不同生境中底栖无脊椎动物组成及数量分布存在差异，但总体上该生境内的优势种反映了该生境的环境特征。

采煤塌陷区新生湿地以狭萝卜螺（*Radix lagotis*）、霍普水丝蚓（*Limnodrilus hoffmeisteri*）、雕翅摇蚊属一种（*Glyptotendipes* sp.）、摇蚊属一种（*Chironomus* sp.）、裸须摇蚊属一种（*Propsilocerusi* sp.）、恩非摇蚊属一种（*Einfeldia* sp.）为优势种。除此之外，不同季节优势种有差异。除以上几种之外，春季优势种为中国圆田螺（*Cipangopaludina chinensis*）、狭萝卜螺（*Radix Lagotis*）、霍普水丝蚓（*Limnodrilus hoffmeisteri*）、雕翅摇蚊属一种（*Glyptotendipes* sp.）、摇蚊属一种（*Chironomus* sp.），夏季则主要为狭萝卜螺（*Radix lagotis*）、霍普水丝蚓（*Limnodrilus hoffmeisteri*）、摇蚊属一种（*Chironomus* sp.）、裸须摇蚊属一种，秋季为狭萝卜螺（*Radix lagotis*）、雕翅摇蚊属一种（*Glyptotendipes* sp.）、摇蚊属一种（*Chironomus* sp.）、裸须摇蚊属一种（*Propsilocerusi* sp.）、恩非摇蚊属一种（*Einfeldia* sp.），冬季主要为狭萝卜螺（*Radix lagotis*）、雕翅摇蚊属一种（*Glyptotendipes* sp.）、摇蚊属一种（*Chironomus* sp.）、裸须摇蚊属一种（*Propsilocerusi* sp.）（表4-9）。

表 4-9　采煤塌陷区新生湿地底栖无脊椎动物各季节优势种

物种	季节			
	春季	夏季	秋季	冬季
中国圆田螺	+			
狭萝卜螺	+	+	+	+
霍普水丝蚓	+	+		
恩非摇蚊属一种			+	
裸须摇蚊属一种		+	+	+
雕翅摇蚊属一种	+		+	+
摇蚊属一种	+	+	+	+

从不同发育阶段的新生湿地来看，各阶段优势种组成存在差异。塌陷1年的塌陷塘中，优势种为狭萝卜螺（*Radix lagotis*）、雕翅摇蚊属一种（*Glyptotendipes* sp.）、摇蚊属一种（*Chironomus* sp.）；塌陷5年的塌陷塘中，优势种为狭萝卜螺（*Radix lagotis*）、尖膀胱螺（*Physa acuta*）、雕翅摇蚊属一种（*Glyptotendipes* sp.）、摇蚊属一种（*Chironomus* sp.）、恩非摇蚊属一种（*Einfeldia* sp.）；塌陷10年的塌陷塘中，优势种为中国圆田螺（*Cipangopaludina chinensis*）、梨形环棱螺（*Bellamya purificata*）、狭萝卜螺（*Radix lagotis*）、雕翅摇蚊属一种（*Glyptotendipes* sp.）、摇蚊属一种（*Chironomus* sp.）、恩非摇蚊属一种（*Einfeldia* sp.）；塌陷20年的塌陷塘中，优势种为雕翅摇蚊属一种（*Glyptotendipes* sp.）、摇蚊属一种（*Chironomus* sp.）、裸须摇蚊属一种（*Propsilocerusi* sp.）、霍普水丝蚓（*Limnodrilus hoffmeisteri*）（表 4-10）。

表 4-10　采煤塌陷区不同发育阶段塌陷塘底栖无脊椎动物优势种

物种	塌陷时间			
	1 年	5 年	10 年	20 年
中国圆田螺			+	
梨形环棱螺			+	
狭萝卜螺	+	+	+	
尖膀胱螺		+		
雕翅摇蚊属一种	+	+	+	+
摇蚊属一种	+	+	+	+
恩非摇蚊属一种	+	+	+	
裸须摇蚊属一种				+
霍普水丝蚓				+

　　底栖无脊椎动物是新生湿地水鸟重要的食物来源，新生湿地的典型鸟类生境，如滩涂、水域、维管植物中的泥质底质中，蕴藏着丰富的底栖无脊椎动物，是大自然馈赠给栖息、停留在这里的鸟类及其他动物最好的礼物。采煤塌陷区新生湿地底栖无脊椎动物的组成均以耐污性种类为主，其中尤以摇蚊属一种（*Chironomus* sp.）与雕翅摇蚊属一种（*Glyptotendipes* sp.）最显著，两者均是湖泊富营养化的典型指示物种。采煤塌陷区新生湿地的污染来源于工业废水、生活污水、农业面源污染和养殖业。各塌陷塘湖岸带的野生植被和塘内的沉水植物群落遭到一定的破坏，而这些植物可以有效地吸收水体中的营养元素。另外，由于这些塌陷塘相对孤立，因此污染物无法扩散和自净降解。从季节上看，春季和冬季的水质好于秋季和夏季，这主要是由于采煤塌陷区新生湿地的水产养殖主要集中在夏季和秋季，饵料、排泄物和农药等大量进入水体，加剧水质的恶化。另外，采煤塌陷区新生湿地各塌陷塘冬季和春季水面分布大量菹草（*Potamogeton crispus*），到了夏季，菹草基本全部凋亡沉入水底，加之较高的温度，沉水植物腐烂分解，造成水质污染。因此，选择典型生境中优势种作为新生湿地不同季节与不同生境的环境变化指示物种具有明显指示效果。

第五章 采煤塌陷区新生湿地鸟类多样性

第一节 样地设置及调查方法

一、样地设置

选择山东邹城太平国家湿地公园 6 个不同塌陷时期形成的新生湿地区为研究调查区域，共设置调查样地 6 个（图 5-1），进行鸟类种类、数量及所处生境的相关调查。调查样地塌陷时间、面积及主要生境特征见表 5-1。

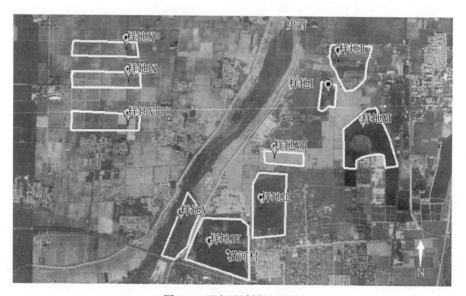

图 5-1 研究区域样地设置

表 5-1　研究样地生境特征

研究样地		塌陷时间/年	面积/hm²	生境特征
塌陷样地	Ⅰ	1	13	水位较浅，<2m；滩涂面积较大，约 1.6hm²
	Ⅱ	16	28	滩涂面积较大，约 2hm²；挺水植物丰富，以芦苇（*Phragmites australis*）为主，地表形态结构复杂
	Ⅲ	17	29	明水面面积较大，约 25hm²，金鱼藻（*Ceratophyllum demersum*）、菹草（*Potamogeton crispus*）、黑藻（*Hydrilla verticillata*）和苦草（*Vallisneria natans*）等沉水植物丰富
	Ⅳ	21	55	明水面面积较大，约 40hm²；滩涂面积较大，约 2hm²，挺水植物群落结构复杂
	Ⅴ	25	74	邻近泗河，无滩涂，挺水植物丰富，以芦苇、香蒲（*Typha orientalis*）为主
	Ⅵ	25	30	改造为鱼塘，水位较深，无滩涂，生境单一
非塌陷样地	Ⅶ	0	26	农田及镶嵌其中的片林

注：新生湿地中水质清澈，水深多在 2～4m，滩涂生境主要分布于塌陷水域周边。

选择湿地公园范围内尚未塌陷的农耕区及泗河西部非塌陷区农耕区为研究调查区域，设置 4 个非塌陷样地（样地Ⅶ、样地Ⅷ、样地Ⅸ、样地Ⅹ，见图 5-1），其中样地Ⅶ为湿地公园范围内尚未塌陷的农耕区样地。

在新生湿地样地中选择水域、湿地植物及滩涂生境样地进行定量调查，其中水域生境在样地Ⅱ、样地Ⅲ、样地Ⅳ中选择，湿地植物生境在样地Ⅰ、样地Ⅲ、样地Ⅴ中选择，滩涂生境在样地Ⅰ、样地Ⅱ、样地Ⅳ中选择，每种典型生境样地为 25m×25m。

二、调查及研究方法

鸟类调查主要采取定量调查与定性调查相结合的方法。定量调查为实验设置样地内鸟类种类及数量调查，定性调查为实验设置的样地外的调查。由于塌陷湿地范围较大，定量调查中难以覆盖，为更加全面了解新生湿地鸟类组成，每个季节调查时在新生湿地内同时进行定性调查。

鸟类定量调查主要采取样点法、样线法和直接计数法。对采煤塌陷区新生湿地鸟类调查采用样点法。在 6 个不同塌陷时间新生湿地样地，每个样地内设置 3 个调查样点，样点间距离>100m。调查时，进入预定调查点，使用 8×42 倍双筒望远镜及 20～40 倍单筒望远镜进行观察，对观察时间 10min 内、半径

50m 内看到的鸟类进行记录。于 2015~2016 年春（4月）、夏（7月）、秋（10月）、冬（1月）4 个季节对研究样地进行鸟类调查，每个季节重复调查 3 次。每次调查集中在一天中鸟类活跃时段（日出后及日落前 2h）进行。调查中同时记录地表形态、水深、滩涂、植物种类等生境特征。鸟类辨识主要参考《中国鸟类野外手册》所提供的辨识特征，鸟类分类主要采取《中国鸟类分类与分布名录》中的分类方法进行。

对非塌陷区对照耕地样地鸟类采用样线法进行调查。在非塌陷区设置 4 条 100m 长样线。调查时，按照 1~2km/h 的速度步行调查，使用 8×42 倍双筒望远镜观察并记录样线左右两侧 50m 以内的鸟类。调查时间为 2016~2017 年，春（4月）、夏（7月）、秋（10月）、冬（1月）4 个季节，每天调查时间为一天中鸟类活跃时段（日出后及日落前 2h）。

参照《中国经济动物志——鸟类》中对鸟类食性的研究划分，并结合实际野外对鸟类取食习性的观察，将所有鸟类划分为 5 种取食功能群：①肉食性鸟，食物组成为各种肉类，取食鱼虾类、螺类、贝类及两栖类、爬行类等小型脊椎动物等；②食虫鸟，取食昆虫；③食谷鸟，取食农作物谷物和其他植物种子；④植食性鸟，取食除植物种子以外的其他植物体，如植物根、茎、叶等；⑤杂食性鸟，食物组成类型多样，取食动物、植物体等多种食物类型。

每个调查样地，按照鸟类不同种群数量占鸟类总数的百分比（P）来确定优势种和数量级，将 $P>10\%$ 定为优势种，$1\%<P<10\%$ 定为常见种，$0.1\%<P<1\%$ 定为稀有种，$P<0.1\%$ 定为罕见种。

从 2015 年 1 月至 2017 年 10 月，在山东邹城太平国家湿地公园采煤塌陷区及王因镇耕地对照区进行了为期 3 年的鸟类调查研究。

第二节　鸟类群落组成

一、种类组成

在采煤塌陷区新生湿地共记录鸟类 125 种，隶属 14 目 37 科。其中旅鸟

56 种、留鸟 27 种、夏候鸟 26 种、冬候鸟 16 种。2015 年 1~10 月调查中记录鸟类 105 种，2016 年 1~10 月调查中记录鸟类 63 种，样地外定性调查种类 11 种。调查所记录鸟类种类、功能群、居留类型、分布区系及保护类型见附录 4。鸟类的 6 个生态类群在研究区域均有分布，其中游禽 23 种（占鸟类总种类数的 18.4%）、涉禽 27 种（占鸟类总种类数的 21.6%）、猛禽 10 种（占鸟类总种类数的 8%）、攀禽 7 种（占鸟类总种类数的 5.6%）、陆禽 5 种（占鸟类总种类数的 4%）、鸣禽 53 种（占鸟类总种类数的 42.4%）。其中，鸟类数量前 6 位分别为小䴙䴘（*Tachybaptus ruficollis*）、黑水鸡（*Gallinula chloropus*）、骨顶鸡（*Fulica atra*）、山斑鸠（*Streptopelia orientalis*）、棕头鸦雀（*Paradoxornis webbianus*）、麻雀（*Passer montanus*）。

从附录 4 可知，采煤塌陷区新生湿地鸟类群落中以非雀形目鸟类为主，共有 18 科 72 种，分别占新生湿地鸟类科和种的 48.6%、57.6%；雀形目鸟类共 19 科 52 种，分别占新生湿地鸟类科和种的 51.4%、41.6%。非雀形目鸟类组成中，以雁鸭类游禽种类最丰富，共有 18 种，占非雀形目鸟类的 25.0%，占新生湿地鸟类种类总数的 14.4%；其次为涉禽中鸻形目，共有鸟类 16 种，占非雀形目鸟类的 22.2%，占新生湿地鸟类种类总数的 12.8%；隼形目猛禽共有 10 种，占非雀形目种类的 13.9%，占新生湿地鸟类种类总数的 8%。

新生湿地鸟类中种类最多的科是鸭科，有 18 种，占新生湿地鸟类种类的 14.4%；其次为鹬科，记录 9 种，占新生湿地鸟类种类总数的 7.2%；鹭科与鸻科分别有 8 种，分别占新生湿地鸟类种类总数的 6.4%。其他含鸟类种类较多的科主要为莺科 6 种、鹟鸫科 6 种、秧鸡科 5 种、鸠科 5 种、鹰科 5 种（图 5-2）。从研究区域鸟类目和科的组成，可以反映出总体上水鸟及栖息于湿地草丛中的湿地鸟类占优势，说明该区域在塌陷形成新生湿地后，成为当地湿地鸟类栖息的重要生境，同时也为周围其他林鸟提供了活动和栖息场所。

中途停歇地是连接鸟类繁殖地和越冬地之间的中转站，对于鸟类迁徙意义重大。候鸟迁徙时需要在迁徙途中短暂停留以躲避恶劣天气及补充食物等，选择适合停留的生境进行短暂休整对迁徙成功有重要作用，食物资源是迁徙鸟类

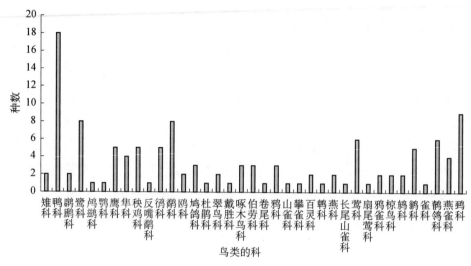

图 5-2　新生湿地鸟类中各科的种数

停歇地选择的首要因素。研究区域位于东亚—澳大利西亚候鸟迁徙路线上，鸟类组成以旅鸟为主。从季节上看，鸟类种类总体上春、秋季节较多，冬季最少；春、秋季节为鸟类迁徙季节，记录的雁鸭类及鸻鹬类迁徙鸟类较多，丰富的沉水植物及大量浅水滩涂为迁徙鸟类提供了充足的食物资源。研究结果表明，采煤塌陷区新生湿地已成为鸟类迁徙路线上的中转站和临时停歇地。

　　调查中，秋季与冬季在样地Ⅱ、样地Ⅲ、样地Ⅳ中均多次记录了国际极危鸟类青头潜鸭，其中秋季记录数量最多，共 71 只，冬季样地Ⅲ中记录了与红头潜鸭（*Aythya ferina*）、白眼潜鸭（*Aythya nyroca*）、骨顶鸡等混群的青头潜鸭 23 只。青头潜鸭为深水杂食鸟类，多取食沉水植物及鱼虾贝类。历史上，青头潜鸭的越冬区主要集中在长江中下游湖泊。随着原有越冬地的丧失，部分青头潜鸭种群选择北方湖泊生境越冬，距离研究区域西南 20km 处的济宁市太白湖已连续 3 年记录青头潜鸭越冬种群。采煤塌陷区新生湿地沉水植物种类丰富，食物资源丰富，研究区域青头潜鸭发现后至今，每个季节调查都有记录，且种群数量远超过太白湖。除研究区域外，整个兖州煤田采煤区域分布有大量的采煤塌陷区，其新生湿地的形成和维持，对于青头潜鸭的保护具有重要意义。

众所周知，华北平原作为传统农耕区，生境异质性较低，因此生物多样性相对贫乏。调查表明，采煤塌陷区新生湿地具有极高的鸟类多样性，已成为华北平原生物多样性"洼地"中的热点区域。该研究提示我们，应该对采煤塌陷区新生湿地生物多样性给予高度关注，其对于维持和提高华北平原生物多样性具有重要意义。

二、居留型分析

新生湿地中鸟类居留类型以候鸟为主，共计98种，占鸟类总数的78.4%，是新生湿地鸟类居留类型中的主体。其中以旅鸟为主，共56种，占鸟类总数的44.8%；其次是留鸟，27种，占鸟类总数的21.6%。夏候鸟26种，占鸟类总数的20.8%；冬候鸟最少，16种，占12.8%（图5-3）。新生湿地所记录的鸟类中，繁殖鸟类共有55种，表明该区域有大量繁殖鸟类在此繁殖，既是鸟类的繁殖地，又是候鸟迁徙路线上重要的中转站和临时停栖点。

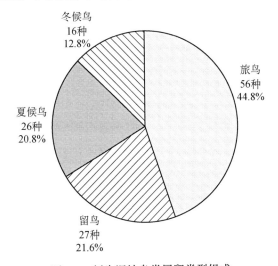

图5-3 新生湿地鸟类居留类型组成

三、鸟类区系特征

新生湿地区域按照动物地理区划分标准，为古北界、东北亚界、华北区、黄淮平原亚区、暖温带半湿润半干旱区。按照《中国动物地理》中的分布型划分，确定该区域鸟类分布区系。分析表明，研究区域 125 种鸟类中，有 8 种分布型，其中古北型鸟类所占比例最大，共有 38 种，占研究区域鸟类的 30.4%；其次为广布型鸟类，共 24 种，占 19.2%；东北型鸟类 20 种，占 16%；全北型鸟类 19 种，占 15.2%；东洋型鸟类 17 种；季风型鸟类 3 种；东北-华北型鸟类 3 种；中亚型鸟类最少，仅有 1 种。由此可见，该区域鸟类区系特征主要为，以古北型、广布型、东北型、全北型组成的北方型为主（图 5-4）。

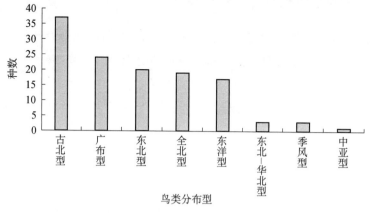

图 5-4　新生湿地鸟类区系组成

四、繁殖鸟类分析

鸟类通过繁殖行为直接参与了湿地生态系统物质循环与能量流动，繁殖鸟类种类及数量的变化是评估湿地生态系统健康及发育程度的重要指标。繁殖鸟的分布与其生境需求密切相关。鸟类在选择营巢地时，需要尽可能避免不利因素的影响，如天敌捕食、同类之间竞争所带来的威胁，以获得较高的繁殖成功率。

新生湿地记录的 125 种鸟类中，繁殖鸟类 55 种，占鸟类种类总数的 44.00%。其中非雀形目 29 种，占繁殖鸟类种类总数的 52.73%，占新生湿地鸟类种类总数的 23.20%；雀形目鸟类 24 种，占繁殖鸟类总数的 43.64%，占新生湿地鸟类种类总数的 19.20%。非雀形目鸟类中主要以鹭类、秧鸡类及鸻鹬类涉禽为主，共 17 种。从繁殖鸟的种类组成来看，湿地鸟类种类占优势，说明塌陷区新生湿地的形成为湿地鸟类繁殖创造了条件，同时繁殖鸟也通过繁殖与湿地生态系统更加紧密联系，从一定程度上促进了新生湿地生态系统的发育。

研究区域繁殖鸟类种类较丰富，共有 55 种。其中凤头䴙䴘（*Podiceps cristatus*）、普通燕鸥（*Sterna hirundo*）及黑水鸡（*Gallinula chloropus*）在繁殖季节记录到巢穴与幼鸟数量最多，是采煤塌陷区新生湿地重要的繁殖鸟类，它们的成功繁殖说明新生湿地生态系统能够满足鸟类繁殖所需要的条件。

凤头䴙䴘是以鱼类及软体动物为主的潜水觅食鸟类，主要分布于塌陷时间较长的样地Ⅲ、样地Ⅳ的湿地。根据调查，凤头䴙䴘在 4 月中旬开始筑巢繁殖，其巢址选择在湿地植物丰富的地点，以沉水植物［如菹草（*Potamogeton crispus*）等］为巢材，搭建浮巢。样地Ⅲ、样地Ⅳ挺水植物分别以荷花和芦苇为主，沉水植物丰富，能够为凤头䴙䴘繁殖提供充足的巢材，同时新生湿地鱼类资源丰富，是其繁殖期间育雏的重要食物资源。普通燕鸥是以鱼类为食的常见夏候鸟。调查发现，研究区域普通燕鸥仅在样地Ⅲ进行繁殖，相对于其他新生湿地，样地Ⅲ形成的水域中有大量塌陷后出露于水面的岛屿，为普通燕鸥提供了筑巢和繁殖场所，同时周边水域能够满足其繁殖所需的鱼类食物资源。黑水鸡为杂食性鸟类，多活动于浅水滩涂及湿地植物丛之间，繁殖时以湿地植物为巢材，在植物丛中筑巢繁殖，黑水鸡在不同塌陷时期新生湿地中均有分布。

研究表明，鸟类的繁殖活动与湿地生境变化密切相关。对营巢材料、食物资源（包括育雏所需优质食物资源）、庇护场所的需求，使得这些繁殖鸟类与新生湿地生态系统的发育紧密关联起来。这些鸟类的繁殖活动及其他行为过程为湿地植物的发育传播繁殖体，也促进了鱼类、底栖无脊椎动物等生物类群的扩散。因此，新生湿地中的繁殖鸟类既是湿地发育的重要指示生物，又是湿地生态系统发育演变的重要促进因子。

五、珍稀濒危鸟类

（一）珍稀保护鸟类

新生湿地中共记录鸟类 125 种，珍稀濒危鸟类资源较丰富，其中国家二级保护动物有 12 种，占新生湿地鸟类种类总数的 9.6%。分别为雁形目鸭科中的白额雁（*Anser albifrons*）、小天鹅（*Cygnus columbianus*），隼形目鹗科中的鹗（*Pandion haliaetus*）、鹰科中的黑翅鸢（*Elanus caeruleus*）、白尾鹞（*Circus cyaneus*）、白腹鹞（*Circus spilonotus*）、普通鵟（*Buteo japonicus*）、雀鹰（*Accipiter nisus*），隼形目隼科中的红隼（*Falco tinnunculus*）、燕隼（*Falco subbuteo*）、红脚隼（*Falco amurensis*）、游隼（*Falco peregrinus*）。列入中日候鸟保护协议规定的鸟类共有 61 种，占新生湿地鸟类种类总数的 48.8%，鸟类组成以雁鸭类及鸻鹬类迁徙性候鸟为主。列入中澳候鸟保护协议的鸟类有 15 种，占新生湿地鸟类种类总数的 12%，鸟类组成以鸻鹬类涉禽为主。

（二）濒危鸟类

列入《世界自然保护联盟濒危物种红色名录》（IUCN）的鸟类有 9 种，占新生湿地鸟类种类总数的 7.2%，其中近危鸟类 8 种、极危鸟类 1 种。鹌鹑（*Coturnix japonica*）、罗纹鸭（*Anas falcata*）、白眼潜鸭（*Aythya nyroca*）、白腰杓鹬（*Numenius arquata*）、弯嘴滨鹬（*Calidris ferruginea*）、凤头麦鸡（*Vanellus vanellus*）、震旦鸦雀（*Paradoxornis heudei*）、红颈苇鹀（*Emberiza yessoensis*）为近危鸟类（NT）；青头潜鸭（*Aythya baeri*）为极危鸟类（CR）。

1. 青头潜鸭

作者在新生湿地鸟类调查研究中，于 2015 年 10 月首次在新生湿地记录到世界极度濒危鸟类青头潜鸭。在此之后，每个季度调查在新生湿地均有记录，并且于 2016 年 7 月记录到青头潜鸭繁殖。调查显示，新生湿地已成为青头潜鸭稳定的栖息生境，且能够满足其繁殖所需的条件，对于青头潜鸭的保护具有重要意义。

在 2015 年 10 月至 2017 年 4 月，调查区域共记录青头潜鸭 161 只次，记录青头潜鸭分布点 14 个（图5-5）。其中单次记录种群数量最多为 2016 年 10 月在取土区形成的深水域，共计 71 只；种群数量最少为 2015 年首次在太平新生湿地中发现，仅 6 只（表5-2）。

图 5-5　研究区域青头潜鸭记录点

表 5-2　青头潜鸭调查详细记录

年份	月份	记录地点	数量	其他（混群、繁殖、分布）
2015	10 月	太平新生湿地	6	与白眼潜鸭、红头潜鸭、凤头潜鸭混群，仅分布于 1 个新生湿地
2016	1 月	太平新生湿地	21	与骨顶鸡、白眼潜鸭、红头潜鸭混群，仅分布于 1 个新生湿地
	4 月	兖州新生湿地	10	无混群，成对分布于 2 个新生湿地
	7 月	太平新生湿地、取土区水域	16	无混群，有 7 只幼鸟，分布于 2 个新生湿地
	10 月	取土区水域	71	与白眼潜鸭、骨顶鸡混群，集大群，仅分布于取土区水域
2017	1 月	取土区水域、湿地林泽、兖州新生湿地	21	无混群，分布分散，新生湿地中数量最多
	4 月	湿地林泽、太平新生湿地、兖州新生湿地	16	无混群，均成对分布，林泽中数量最多

　　调查结果显示，研究区域内所记录的部分青头潜鸭为留鸟，一年四季在新生湿地中可见；2016 年 7 月（夏季）于太平新生湿地记录青头潜鸭幼鸟 7 只，

同时记录的还有 1 只成鸟，这是首次在新生湿地记录到青头潜鸭的繁殖；青头潜鸭不同季节在新生湿地的分布特点差异明显，春、夏季节活动范围相对其他季节稳定，且多为成对分布，常选择在塌陷水位较浅，周边芦苇发育茂密的开阔水域进行活动及觅食，无混群现象，秋、冬季节集群明显，多与其他潜鸭及骨顶鸡混群栖息。

随着人们关注度的提高，青头潜鸭的分布记录不断增加。根据近年来对青头潜鸭的文献记录和新闻报道，国内青头潜鸭最大种群数量记录分别位于黑龙江林甸、泰康一带，江西九江附近湖泊及河北衡水湖，除此之外，多为零星个体记录。相对以上青头潜鸭分布点，新生湿地中青头潜鸭一年四季可见、分布稳定、数量较多。由此可见，新生湿地是青头潜鸭重要的栖息生境。

济宁市作为重要的煤炭能源基地，其煤炭资源开发历史悠久，采煤塌陷形成的新生湿地分布广泛。自从 2015 年秋季发现青头潜鸭以来，2016 年夏季便记录到繁殖，因此我们预测将来会有更多的青头潜鸭选择此地进行繁殖。这对青头潜鸭种群数量的维持具有重要意义。

2. 震旦鸦雀

震旦鸦雀为全球近危中国珍稀特有鸟类，有鸟中"大熊猫"之称，在世界自然保护联盟（International Union for Conservation of Nature，IUCN）1972 年和国际鸟类保护委员会（International Council for Bird Preservation，ICBP）1981 年出版的红皮书中，将该鸟共同确认为 I（indeterminate）级，意为属于濒危（endangered）。经过冬季与春季的调查，在山东邹城太平国家湿地公园内多次发现震旦鸦雀。根据实地种群行为观测，判断其为本地繁殖鸟，且种群数量超过 40 只。因震旦鸦雀食性及繁殖、栖息等行为对芦苇的高度依赖，在长期进化过程中形成以芦苇丛内的昆虫为食及以芦苇为巢材的专一性行为，芦苇丛生境质量直接影响到震旦鸦雀的种群（图 5-6）。湿地公园内由于采煤塌陷而形成的新生湿地发育有良好的芦苇，为震旦鸦雀的生存和繁衍提供了重要的觅食及栖息繁殖场所。在后期的国家湿地公园生物多样性保护中，震旦鸦雀应该列为鸟类保育与科普宣教的重点物种。

图 5-6　栖息于采煤塌陷区新生芦苇湿地中的震旦鸦雀

第三节　塌陷时间对新生湿地鸟类的影响

　　研究区内众多塌陷区塌陷时间长短不一，塌陷时间较短的仅塌陷 1 年，塌陷时间较长的可达 20 年。在研究区域，因为地下水水位较高，煤炭开采塌陷后，地下水上涌，加上地表降水汇集，形成独特的采煤塌陷区新生湿地，使原陆生农田生态系统转变成了湿地生态系统。生态系统是一定空间内生物与非生物环境要素之间构成的统一整体。生态系统如同有机体，随着时间的增加而不断发育，经历幼年期和成长期，最终形成相对稳定的生态系统。

　　新生湿地生态系统在地下水上涌及地表汇集降水淹没塌陷区后形成，并随着时间的不断延长，新生的湿地生态系统不断发育。对于采煤塌陷区新生湿地，由于其塌陷时间、塌陷深度的不确定性，新生湿地生境类型多样，具有较高的异质性，且新生湿地受塌陷影响，始终处于不断塌陷及变化的动态过程之中。鸟类是湿地生态系统中的高等消费者，对环境变化十分敏感，是反映环境是否发生变化的重要指示物种。同时，通过对不同塌陷时间新生湿地鸟类群落的研究，有利于帮助我们科学地衡量新生湿地生态系统的发育状态。生态系统的发育研究时间尺度较大，作者采取以空间代时间的研究方法，选取不同塌陷时间的塌陷区新生湿地进行鸟类群落定量研究，探讨新生湿地发育状态与鸟类之间的相互关系。

一、新生湿地鸟类群落的季节变化

调查时间内不同塌陷时间新生湿地记录鸟类 105 种。不同季节所观察到的鸟类种类组成及数量差异较大。总体看来，该区域鸟类的种类和数量均呈现明显的季节性，且不同塌陷时间新生湿地由于塌陷时间长短不同，湿地发育时间不一样，因此生境结构与鸟类群落组成都表现出一定的变化规律。

总体上，塌陷区新生湿地鸟类种类与数量的季节变化明显（图 5-7）。鸟类种类组成上以秋季最多，共 70 种；其次为春季，记录鸟类 58 种；冬季记录 44 种，夏季种类最少，记录鸟类 42 种。春季、秋季迁徙季节鸟类种类远高于夏季与冬季。鸟类数量季节变化与种类季节变化除秋季外，其他季节不具有一致性，秋季为鸟类数量最多的季节，其次为冬季、夏季、春季。秋季北方鸟类有集群现象，由于秋季和冬季雀形目中一些小型草丛鸟类[如麻雀（*Passer montanus*）、小鹀（*Emberiza pusilla*）等]和部分水鸟集群越冬，因此秋季、冬季鸟类数量明显较春季、夏季多。春季鸟类种类与数量变化明显表现为种类丰富，但数量较少，原因在于春季所记录的迁徙性旅鸟较多，其中记录的大部分旅鸟种群数量较小，多为少见种与罕见种。夏季为鸟类繁殖季节，塌陷区新生湿地夏候鸟种类较少，因此鸟类种类为 4 个季节中最少，但数量较春季多。秋季是鸟类迁徙季节，同时秋季北方气温开始降低，部分鸟类开始集群，因此在秋季记录的旅鸟种类丰富，数量也是 4 个季节中最多的。研究区域冬季气候寒冷，气温较低且水面有结冰现象，调查中发现冬季雁鸭类鸟类集群明显，且多集中在深水区活动，新生湿地大量枯萎的挺水植物为草丛鸟类越冬提供了良好的庇护场所。

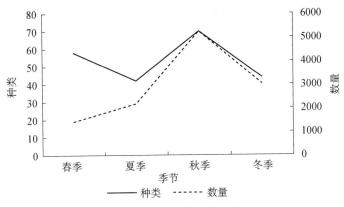

图 5-7　新生湿地鸟类种类及数量的季节变化

二、鸟类群落的空间分布格局

图 5-8 反映了研究区域不同季节新生湿地样地之间鸟类种类的变化规律。研究区域所记录的 105 种鸟类在不同样地之间的种类分布，反映了鸟类的空间分布格局。

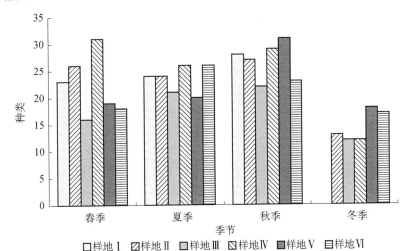

图 5-8　新生湿地鸟类种类季节变化

春季共记录鸟类 58 种，不同新生湿地样地之间种类差异较大。其中样地Ⅳ鸟类种类最多，共 31 种，其次为样地Ⅱ，共 26 种，样地Ⅰ记录 23 种，样地Ⅲ鸟类种类最少，共记录 16 种。春季，样地Ⅳ中黑水鸡与普通燕鸥为优势种，样地Ⅳ为新生湿地中塌陷面积最大，同时生境结构最复杂，异质性最高，裸露于水面的塌陷建筑残迹为普通燕鸥的繁殖提供了筑巢地。样地Ⅱ塌陷时间较短，且多为浅水区，滩涂生境面积较大，因此是春季迁徙鸻鹬类的重要分布区。共记录涉禽种类 11 种，其中 7 种为迁徙性的鸻鹬类，如鹤鹬（*Tringa. erythropus*）、泽鹬（*T.stagnatilis*）、白腰草鹬（*T.ochropus*）等，3 种为鹭类，即夜鹭（*Nycticorax nycticorax*）、苍鹭（*Ardea cinerea*）、大白鹭（*A.alba*），1 种为秧鸡类，即黑水鸡。样地Ⅰ为研究区域内塌陷时间最短的样地，仅塌陷 1 年，塌陷后淹水较浅，生境类型以浅水及滩涂为主，在所记录的 23 种鸟类中，涉禽共 12 种，游禽仅记录了研究区域分布最广泛的小䴙䴘（*Tachybaptus ruficollis*）和斑嘴鸭（*Anas zonorhyncha*）。样地Ⅴ和样地Ⅵ塌陷时间相同，但塌陷后利用造成了生境上差异明显，春季鸟类种类相差不大，但鸟类组成上差异明显。样地Ⅴ为自然塌陷，靠近河流，河岸杨树及柳树为鹭类停栖提供了良好生境，样地Ⅵ由于整改成为鱼塘，形状规则，塌陷区周边坡度较大，湿地植物分布最少，以深水为主；湖心岛为苗圃，因此林鸟种类丰富。

夏季记录鸟类 42 种，为 4 个季节中鸟类种类最少。鸟类组成以非雀形目鸟类为主，共 26 种。夏季不同塌陷年份新生湿地间鸟类种类数相差较小，其中样地Ⅳ及样地Ⅵ种类最多，均为 26 种，其次为样地Ⅰ和样地Ⅱ，均为 24 种，样地Ⅴ鸟类种类最少，仅 20 种。样地Ⅳ及样地Ⅵ种类数相同，但种类组成具有显著差异。样地Ⅳ夏季鸟类家燕与凤头䴙䴘为优势种，湿地鸟类共有 13 种，其中涉禽居多；样地Ⅵ中则主要以雀形目中麻雀和白头鹎为优势种，湿地鸟类种类较少。样地Ⅰ和样地Ⅱ生境结构较相似，样地Ⅰ以麻雀和白鹭为优势种，样地Ⅱ以夜鹭和棕头鸦雀为优势种，均为湿地鸟类占优势。样地Ⅴ夏季鸟类组成类型多样，家燕、夜鹭为优势种，湿地鸟类中鹭科涉禽多选择在该样地内柳树停栖，且常见林鸟种类较丰富。

秋季共记录鸟类 70 种，其中旅鸟 33 种，是 4 个季节中鸟类种类最丰富的季节，同时也是研究区域游禽记录种类最丰富的季节。秋季不同塌陷时间新生湿地间鸟类种类数相差较小，样地Ⅴ鸟类种类最多，共有 31 种；其次为样地Ⅳ，有 29 种；样地Ⅰ记录鸟类 28 种，样地Ⅱ记录鸟类 27 种，样地Ⅵ鸟类 23 种，样地Ⅲ鸟类种类最少，22 种。样地Ⅴ为塌陷时间最长的新生湿地，湿地植物发育茂盛，尤其是挺水植物成块状连接成片，极大地提高了湿地植物空间异质性，主要以麻雀、山斑鸠（*Streptopelia orientalis*）、棕头鸦雀（*Sinosuthora webbiana*）为优势种，其他林鸟及草丛鸟种类较为丰富；样地Ⅳ塌陷时间较长，塌陷面积最大，塌陷后空间结构复杂，有大量塌陷后孤立的岛屿生境，同时塌陷水域周边坡度较小，形成大量滩涂及浅水，秋季迁徙性鸻鹬类种类丰富，但数量较少，多为罕见种；样地Ⅰ和样地Ⅱ生境类型与结构较相似，因此鸟类种类相差不大，且记录的迁徙性旅鸟种类较多；样地Ⅲ生境结构较其他塌陷区单一，主要为大水面，周边为少量湿地挺水植物，沉水植物发育较好，因此鸟类种类相对较少，优势种鸟类为小鸊鷉、黑水鸡。

研究区域地处华北地区，冬季气候较冷，有结冰期，总体上鸟类种类较少，且大部分鸟类种群数量均较小，只有部分鸟类集群后种群数量较大，如麻雀、小鹀、棕头鸦雀等。冬季共记录鸟类42种，其中样地Ⅴ种类最丰富，共有18种；其次为样地Ⅵ，17种；样地Ⅱ、样地Ⅲ及样地Ⅳ鸟类种类相差不大，种类均较少。冬季鸟类多集中分布于湿地挺水植物丰富的新生湿地，干枯的湿地挺水植物为鸟类提供了避寒场所。样地Ⅴ挺水植物丰富，样地Ⅵ湖心岛上有苗圃，因此鸟类种类相对较多。

三、不同塌陷时间样地间鸟类群落的多样性

图 5-9 显示，不同塌陷时间新生湿地鸟类 Shannon-wiener 指数与 Pielou 均匀度指数在 4 个季节内差异均不显著（$P<0.5$）。整体上夏季鸟类 Shannon-wiener 指数较高，冬季 Shannon-wiener 指数相对较低。在同一季节内，春季中鸟类 Shannon-wiener 指数相差较大，表现为样地Ⅳ>样地Ⅴ>样地Ⅱ>样地Ⅵ>样地Ⅲ>样地Ⅰ。夏季鸟类 Shannon-wiener 指数之间相差较小，主要表现为样地Ⅴ>样地Ⅳ>样地Ⅱ>样地Ⅲ>样地Ⅰ>样地Ⅵ，夏季鸟类种类数较少，且各个样地之间种类数相差不大有关，整体上塌陷 16 年、21 年及 25 年的样地鸟类 Shannon-wiener 指数高于其他样地。秋季鸟类 Shannon-wiener 指数，表现为样地Ⅲ>样地Ⅱ>样地Ⅳ>样地Ⅴ>样地Ⅵ>样地Ⅰ，整体上秋季塌陷时间上处于 16～21 年的新生湿地鸟类多样性指数较高，塌陷 1 年新生湿地多样性较低。冬季鸟类 Shannon-wiener 指数之间相差较大，表现为样地Ⅱ>样地Ⅴ>样地Ⅳ>样地Ⅲ>样地Ⅵ，冬季由于气温较低，处于结冰期内，鸟类分布较集中，主要集中于塌陷 16 年及塌陷 25 年自然发育的湿地。

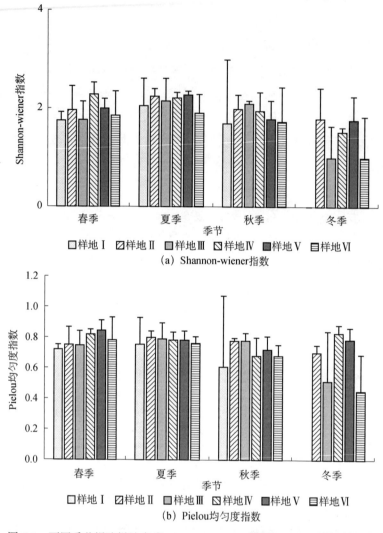

图 5-9 不同季节塌陷样地鸟类 Shannon-wiener 指数与 Pielou 均匀度指数

　　在 4 个季节中，春季与夏季不同塌陷时间样地间 Pielou 均匀度差异较小，秋季与冬季之间表现出较大差异，其中冬季尤其显著。春季不同塌陷时间新生湿地均匀度指数表现为样地Ⅴ>样地Ⅳ>样地Ⅵ>样地Ⅱ>样地Ⅲ>样地Ⅰ，春季新生湿地鸟类种类较丰富，但不同塌陷时间样地内鸟类种类相差较大，其中部分鸟类种群数量较大，因此对鸟类均匀度造成影响。塌陷 1 年、塌陷 16 年和塌陷 17 年新生湿地涉禽种类丰富，且数量较多，因此在均匀度上表现较低。

夏季不同塌陷时间新生湿地鸟类均匀度表现为样地Ⅱ>样地Ⅲ>样地Ⅳ>样地Ⅴ>样地Ⅵ>样地Ⅰ，总体上不同新生湿地夏季鸟类均匀度指数差异较小。夏季为鸟类繁殖季节，鸟类在新生湿地内数量分布较分散，均匀度较低。秋季新生湿地鸟类中部分种类已经开始集群，均匀度表现为样地Ⅲ>样地Ⅱ>样地Ⅴ>样地Ⅳ>样地Ⅵ>样地Ⅰ，总体上塌陷1年、塌陷21年新生湿地鸟类均匀度最低，这两个样地也是秋季草丛鸟类集中分布的区域。冬季不同塌陷时间新生湿地鸟类均匀度相差较大，表现为样地Ⅳ>样地Ⅴ>样地Ⅱ>样地Ⅵ>样地Ⅲ>样地Ⅰ，其中塌陷17年、塌陷21年、塌陷1年新生湿地鸟类均匀度远高于塌陷16年及塌陷25年样地，说明塌陷时间对新生湿地鸟类均匀度影响较小。

　　鸟类多样性及其空间分布格局受水域面积、滩涂、湿地植被及周边土地利用类型等多种环境因子影响。塌陷区新生湿地在塌陷开始后逐渐形成，随着塌陷时间的推移，塌陷深度不断加深，导致不同塌陷年份新生湿地之间生境组成及结构存在差异，并通过鸟类群落结构差异表现出来。样地Ⅰ塌陷1年，塌陷时间短，生境组成以大面积挺水植物及滩涂为主，同时水位较浅，是鹭科涉禽的集中分布区，且迁徙季节大量鸻鹬类在此停歇觅食，秋季大面积狭叶香蒲（*Typha angustifolia*）吸引了众多雀形目鸟类在此栖息；样地Ⅱ、样地Ⅲ塌陷时间较接近，均塌陷15年以上，但生境结构有差异，样地Ⅱ仍有大面积滩涂生境，以芦苇（*Phragmites communis*）为主的挺水植物发育良好，因此鸟类组成以肉食性鸟、食虫鸟为主，震旦鸦雀首次在此记录，且数量较多；样地Ⅲ滩涂生境较少，沉水植物大量发育，鸟类组成中以鸭类为主的杂食性鸟类所占比例较大，研究区内记录的青头潜鸭仅在此分布；样地Ⅳ、样地Ⅴ、样地Ⅵ塌陷时间较长，均在20年以上，鸟类组成上存在较大差异，样地Ⅳ生境类型丰富，整体上鸟类以肉食性鸟为主；样地Ⅵ在塌陷后曾整改成为鱼塘，生境组成较单一，以深水及周边种植的林木为主，鸟类以鹭类及雀形目鸟类为主；样地Ⅴ是研究区自然塌陷时间最长的样地，生境组成以水域及湿地植物群落为主，结构复杂，鸟类组成以食虫鸟为主。不同类型的湿地食物资源分布存在差异，因而影响水鸟的空间分布，不同塌陷年份新生湿地在生境结构与食物资源上有较大差异。整体上，随着塌陷时间的逐渐推移，新生湿地鸟类生境结构会发生改变，水位逐渐加深，滩涂比例逐渐下降，鸟类组成由以肉食性鸟类为主逐渐演变为以肉食性鸟与食虫鸟为主的变化趋势。

四、不同塌陷年代鸟类生境及种类

（一）1990 年塌陷区域

1. 生境状况

1990 年塌陷区域为湿地公园内塌陷年份最早的大面积塌陷水域（图 5-10）。因塌陷年份较早，塌陷深度较深，平均水深大于 2m。1990 年塌陷区域生境主要为：农田—乔木林（小乔木）—灌丛—水域—湖心岛乔木林，整体生境以水域为主，塌陷区域周边为农田分布，部分道路两侧有杨树林，水域周边主要为草本植物，湖心岛为落叶乔木林。湖心岛现为苗圃区，植物种类丰富，多以落叶乔木为主，平均高度 3～4m，鸟类以林鸟为主，大面积层次丰富的小乔木生境在湿地公园内较少，是湿地公园内林鸟分布的重要生境，为林鸟提供了重要的栖息及觅食场所；水域周边以草本植物为主的小灌丛生境为以草籽为食的小型雀形目鸟类提供了重要的食物来源及巢材（图 5-11）。

图 5-10　1990 年塌陷区生境

图 5-11　1990 年塌陷区域生境中的棕头鸦雀

2. 季节差异

1990 年塌陷区样地内，因生境类型较丰富，鸟类种类较多，但季节差异较大。春季鸟类较冬季鸟类多，原因在于该塌陷区域鸟类组成占比较大的为林鸟，冬季林鸟集群活动，分布较集中，多为留鸟；但在春季迁徙季节，大量繁殖鸟类的加入使得春季鸟类多于冬季（表 5-3）。

表 5-3　1990 年塌陷区生境中的鸟类

季节	鸟类
冬季	小鹏鹍、普通翠鸟、树麻雀、白鹡鸰、棕头鸦雀、大山雀、乌鸫、银喉长尾山雀、黄喉鸫、山斑鸠、喜鹊、楔尾伯劳、戴胜、小鸊、棕背伯劳、白腰草鹬、雉鸡、白头鹎、豆雁、燕雀、田鹨、大斑啄木鸟（共 22 种）
春季	树麻雀、普通翠鸟、白头鹎、白腰草鹬、棕头鸦雀、三道眉草鹀、家燕、喜鹊、雉鸡、黑喉石即、山斑鸠、小鹏鹍、普通燕鸥、凤头鹏鹍、金眶鸻、白鹭、矶鹬、白鹡鸰、金翅雀、中华攀雀、黑尾蜡嘴雀、珠颈斑鸠、树鹨、黄腰柳莺、火斑鸠、斑鸫、泽鹬、乌鸫、黄眉鹀、金眶鸻、灰头鹀、池鹭、戴胜、燕雀、冕柳莺、普通朱雀（共 36 种）

3. 人为干扰

1990 年塌陷区样地干扰主要有交通运输、污水排放、钓鱼。整体上人为干扰较严重；该区域南部、西部、北部三面都有道路环绕，且湖心岛有苗圃区及众多食用菌生产厂，交通运输干扰严重，该水域周边有一些工厂废水排入其中，污染较严重；另外水域四周钓鱼人群较多，影响较大。

（二）1993～1994 年塌陷区域

1. 生境状况

1993～1994 年塌陷区样地塌陷时间较早，不均一塌陷导致塌陷区空间结构的多样性，因此生境类型较丰富（图 5-12）。该区域生境主要有岛屿、草地、芦苇丛、滩涂、水湾、洼地水塘。岛屿主要位于该塌陷水域中心，面积较大，呈圆形，岛屿上以芦苇等湿地植物为主，生境质量良好；草地生境主要位于塌陷区中未积水部分，面积较大；芦苇丛生境面积较大，且集中于北部和西部；滩涂生境主要分布于塌陷水域周边，集中于西部；洼地水塘位于塌陷范围内浅积水区。

图 5-12 1993～1994 年塌陷区生境现状

2. 季节差异

1993～1994 年塌陷区样地由于塌陷不均一，导致塌陷区内空间结构多样，鸟类多样性整体较高，但春季相对于冬季鸟类较多，原因在于春季湿地内食物资源更加丰富，因湿地植物发育带来的栖息生境质量明显提高，庇护功能增强，因此春季鸟类较丰富（表 5-4、图 5-13）。

表 5-4 1993～1994 年塌陷区生境中的鸟类

季节	鸟类
冬季	黑水鸡、小鸊、棕背伯劳、雉鸡、山斑鸠、树麻雀、大白鹭、金翅雀、棕头鸦雀、白腰草鹬、灰头绿啄木鸟、田鹨（共 12 种）
春季	小鸊鷉、喜鹊、家燕、凤头鸊鷉、骨顶鸡、普通翠鸟、棕头鸦雀、普通燕鸥、黑水鸡、黑翅长脚鹬、震旦鸦雀、小鸊、池鹭、寿带、灰椋鸟、鹤鹬、泽鹬、山斑鸠、扇尾沙锥、树麻雀、金眶鸻、小云雀、雉鸡、金翅雀、苇鹀、斑嘴鸭、黑喉石即、棕背伯劳、白鹭（共 29 种）

图 5-13 1993～1994 年塌陷区新生湿地中的小鸊鷉

3. 人为干扰

该区域人为干扰整体较大，主要干扰有鱼类养殖、钓鱼、电鱼、生活污水及生活垃圾排入、取水灌溉等。因该水域北部靠近邢村，有部分生活污水经过管道排入水域，且塌陷水域内多处有围网养鱼现象，因此该区域整体人为干扰较严重。

（三）1998年塌陷水域

1. 生境状况

1998年塌陷区样地生境类型较单一，主要生境有水域、滩涂、灌草丛、农田（图 5-14）。该塌陷水域位于两个村庄之间，水域四周有大小级别不同的道路分布，样地内湿地植物面积较小且分布集中，明水面面积较大，为雁鸭类游禽提供了重要栖息及觅食场所（表 5-5）；滩涂面积较小，且较分散，零散分布于塌陷水域周边；灌草丛主要为芦苇、菖蒲等草本湿地植物；塌陷范围周边尚有农田，整体水域生境较好。

图 5-14　1998 年塌陷区新生湿地生境状况

表 5-5　1998 年塌陷区生境中的鸟类

季节	鸟类
冬季	小䴙䴘、普通翠鸟、树麻雀、戴胜、骨顶鸡、游隼、黑水鸡、小鸦、灰头鸦、棕背伯劳、夜鹭、金翅雀、喜鹊、鹌鹑、雀鹰、棕头鸦雀（共 16 种）
春季	小䴙䴘、骨顶鸡、黑水鸡、喜鹊、凤头䴙䴘、普通燕鸥、家燕、矶鹬、泽鹬、白鹡鸰、金眶鸻、树麻雀、白头鹎、斑嘴鸭、普通翠鸟（共 15 种）

2. 季节差异

1998 年塌陷区样地中鸟类以游禽及涉禽为主，季节差异较小，冬季湿地植物枯萎，黑水鸡、骨顶鸡、小䴙䴘等游禽集小群在塌陷水域内觅食，食物来源主要集中于水域，春季湿地植物生长，鸟类食物来源更加丰富，因此除游禽外，涉禽种类分布较多，如矶鹬、泽鹬、金眶鸻等鸟类多沿塌陷水域周边小滩涂觅食。虽然冬、春季节该区域鸟类组成有差异，但鸟类种类相差不大（图 5-15）。

图 5-15   1998 年塌陷区新生湿地中的凤头䴙䴘

3. 人为干扰

1998 年塌陷区样地位于两个村庄之间，塌陷水域四周都有道路存在，来往车辆及行人对塌陷湿地带来了较大干扰。除此之外，围网养鱼及渔船打捞行为对该区域湿地鸟类带来了严重干扰。

（四）1999 年塌陷水域

1. 生境状况

1999 年塌陷区样地位于湿地公园最北部，塌陷时间较晚，其生境类型多样，主要生境类型有乔木林、芦苇丛、水域生境（图 5-16）。1999 年塌陷区样地内空间结构复杂，空间异质性较高，多水汊、水湾、渠状水道，这些特殊空间结构结合芦苇及水域生境，为鸟类提供了类型丰富的栖息生境，大面积带状芦苇为小型雀形目鸟类提供了充足的食物来源及巢址、巢材来源，塌陷区边缘的带状杨树林同样为湿地鸟类提供了防风等重要功能。另外，杨树也是喜鹊等鸟类重要的栖息及筑巢场所。总体而言，1999年塌陷样地鸟类生境类型丰富，生境状况较好。

图 5-16　1999 年塌陷区域生境

2. 季节差异

1999年塌陷区样地鸟类种类丰富，这与其丰富的空间结构和生境类型有直接关系。但从季节上看，春季鸟类相对于冬季多，主要是因为春季鸟类食物来源更丰富、充足，栖息生境质量因湿地植物的生长而明显提高，少量的滩涂生境中出现了大量鸻鹬类鸟类觅食（表5-6）。

表 5-6　1999 年塌陷区生境中的鸟类

季节	鸟类
冬季	雉鸡、白鹭、大白鹭、苍鹭、夜鹭、黑翅长脚鹬、扇尾沙锥、震旦鸦雀、棕头鸦雀、中华攀雀、白腰草鹬、山斑鸠、小䴙䴘、鹤鹬、棕背伯劳、黑水鸡、喜鹊、普通翠鸟、小鸊（共19种）
春季	白鹭、黑翅长脚鹬、灰头鸦雀、普通翠鸟、泽鹬、鹤鹬、黑水鸡、喜鹊、棕头鸦雀、树麻雀、白鹡鸰、矶鹬、斑嘴鸭、山斑鸠、金眶鸻、扇尾沙锥、白腰草鹬、棕背伯劳、鹌鹑、金翅雀、苍鹭、夜鹭、雉鸡、斑鱼狗、白头鹎（共25种）

3. 人为干扰

1999年塌陷区样地人为干扰主要有钓鱼、收割芦苇，其他干扰较小。芦苇是湿地公园内重要的鸟类生境，芦苇的收割减少了湿地公园内鸟类食物来源及栖息场所，不利于湿地公园鸟类多样性保护与提高。

（五）2014 年塌陷区新生湿地生境

1. 生境状况

2014 年塌陷区域主要生境为滩涂、芦苇丛、水域生境（图 5-17）。2014 年塌陷区湿地由于塌陷时间较晚，塌陷深度较浅，因此发育有湿地公园范围内面积最大的滩涂，芦苇丛生境为鸟类提供了重要的庇护功能。在人为干扰下，鸟类在芦苇丛外滩涂觅食，受到干扰后可马上进入芦苇丛内躲避。该区域水域主要为浅水，有利于涉禽及部分游禽觅食，整体生境质量较好。

图 5-17　2014 年塌陷区生境状况

2. 季节差异

2014 年塌陷水域因塌陷时间较晚，塌陷深度较浅，形成了大量良好的滩涂湿地，为鹭科及丘鹬科鸟类觅食提供了重要场所。湿地公园范围内滩涂生境一般较少，2014 年塌陷湿地滩涂是湿地公园范围内面积最大的滩涂生境。冬季挺水植物菖蒲、芦苇等枯萎，对鸟类的庇护功能下降，加上取土干扰较严重，冬季鸟类分布较少。春季处于鸟类迁徙季节，且滩涂生境中湿地植被生长快速，滩涂中底栖无脊椎动物数量增加，挺水植物菖蒲及芦苇生长对人为干扰减弱，因此春季鸟类种类较冬季多（表 5-7）。

表 5-7　2014 年塌陷区生境中的鸟类

季节	鸟类
冬季	黑水鸡、扇尾沙锥、白鹭、树麻雀、白鹡鸰（共 5 种）
春季	扇尾沙锥、黑水鸡、白鹭、金眶鸻、灰椋鸟、小䴙䴘、山斑鸠、树麻雀、黑翅长脚鹬、鹤鹬、骨顶鸡、普通燕鸥、斑嘴鸭、普通翠鸟、家燕、白鹡鸰、小云雀、苇鹀、白头鹎、夜鹭（共 20 种）

3. 人为干扰

2014 年塌陷区域人为干扰主要有泗河加固河堤取土工程的干扰、开垦种植干扰、交通车辆通行。因其所处位置位于道路旁边，来往运输车辆对其影响较大。除此之外，其靠近泗河加固河堤的取土场地，受到取土工程的严重干扰。塌陷区域周边，农民对于未积水塌陷地的开垦种植也带来了干扰。

（六）泗河自然河段生境

1. 生境状况

泗河自然河段生境主要有乔木林、芦苇丛、浅水洼地、浅水沼泽及水域生境（图 5-18）。生境类型丰富多样，泗河水质较好，清澈见底，水中鱼、贝、青蛙等较多，湿地植被发育良好，芦苇、菖蒲分布较多，是湿地鸟类重要的栖息场所，整体生境状况良好。乔木林以河岸人工种植杨树为主，为喜鹊、山斑鸠等鸟类提供了栖息及筑巢场所，大量斑块状芦苇丛为湿地鸟类提供了重要的庇护场所及食物来源，浅水洼地、沼泽为鹭科、丘鹬科等涉禽鸟类提供了重要的觅食场所，河道内大小不一的浅水洼地还为扇尾沙锥的繁殖提供了筑巢场所及丰富的巢材。

图 5-18　泗河自然河段生境状况

2. 季节差异

泗河自然河段鸟类组成中以水鸟为主，其中鹭科、秧鸡科鸟类较多。冬季泗河内以芦苇、菖蒲为主的湿地植物干枯，相对于春季生长茂盛的挺水植物，其对于湿地鸟类的庇护功能下降，因此冬季鸟类相对春季种类较少。春季由于湿地植物的良好发育及湿地中昆虫、底栖无脊椎动物的生长繁殖，鸟类种类随之增多，湿地植物的生长为部分繁殖鸟类提供了良好的筑巢场所，如黑水鸡、骨顶鸡等（表 5-8）。

表 5-8　泗河自然河段生境中的鸟类

季节	鸟类
冬季	绿翅鸭、小䴙䴘、雉鸡、山斑鸠、喜鹊、黑水鸡、斑嘴鸭、棕背伯劳、树麻雀、震旦鸦雀、大白鹭、白鹭、白鹡鸰（共 13 种）
春季	扇尾沙锥、家燕、山斑鸠、普通翠鸟、喜鹊、棕背伯劳、中华攀雀、黑翅长脚鹬、黑水鸡、棕头鸦雀、树麻雀、池鹭、小䴙䴘、白头鹎、普通燕鸥、泽鹬、斑鱼狗、白胸苦恶鸟（共 18 种）

3. 人为干扰

泗河自然河段湿地植物种类丰富，发育良好，水质清澈，且河流中鱼类、贝类较多，钓鱼、捕捞泥鳅及河蚌是泗河河段中较大人为干扰之一。此外，因河道内及河流沿岸植被良好，当地村民常在此进行放牧。垂钓带来的影响较大，大量的垂钓占据了鸟类活动范围，使得湿地鸟类觅食与栖息场所大大缩小，不利于湿地鸟类的栖息停留和鸟类多样性提高。放牧对湿地植被的影响较大，村民放养的绵羊及山羊将新生的湿地植被嫩芽啃食，不利于湿地植物的正常生长。同时，牛、羊对湿地带来的干扰也将持续对水鸟造成影响，不利于湿地鸟类多样性提高。

（七）非塌陷对照区（耕地）

1. 生境状况

非塌陷对照区主要为耕地（图 5-19），生境类型单一，植物以农作物为主，冬季小麦尚未进入生长季节，平均高度为 8cm，盖度为 30%，较矮小。春季小麦进入生长旺盛期，平均高度为 68cm，盖度达 95% 以上。耕地中植物种类单一，冬季仅有少量以草本植物种子为食的鸟类于其中觅食，且数量较少；春季小麦生长旺盛，为部分鸟类提供了重要的庇护场所，且因植物生长，昆虫数量增加，食虫鸟种类数量有明显增加，但耕地总体鸟类生物多样性较低。

图 5-19 非塌陷对照区生境

2. 季节差异

非塌陷对照区鸟类种类及数量较少，但季节差异较明显。冬季主要以喜鹊、山斑鸠为主。喜鹊为杂食性鸟类，山斑鸠为食谷类鸟类，冬季小麦平均高度、盖度较低，有大量裸露土地，土壤中含有较多植物种子，成为其觅食场所之一。春季鸟类组成以食虫鸟为主，其中以家燕、黑喉䳱等为主，其次主要为棕头鸦雀、黄眉鹀、小鹀等植食性鸟类。造成冬、春两季季节差异的主要原因在于春季为小麦生长季节，生长旺盛、高度及盖度均较高，为部分鸟类提供了庇护场所，如雉鸡；昆虫数量增加，食虫鸟类种类随之增加，如家燕（表 5-9）。

表 5-9 非塌陷对照区（耕地）鸟类组成

季节	鸟类
冬季	喜鹊、山斑鸠、星头啄木鸟、棕背伯劳（共 4 种）
春季	家燕、树麻雀、喜鹊、黑喉石即、小云雀、棕头鸦雀、小鹀、雉鸡、黄眉鹀、红尾伯劳（共 10 种）

3. 人为干扰

非塌陷对照区内人为干扰较为严重，冬季土地翻耕，春夏季节作物除虫、播洒农药，秋季农作物收获，都会对耕地造成干扰。冬季为避免鸟类翻食作物种子，当地农民在耕地中投放农药，春季生长季节，为防治病虫害，喷洒农药成为主要控制手段，这些都对该区域鸟类带来了严重干扰。

第四节 鸟类功能群分析

研究区域鸟类取食功能群在不同塌陷时间新生湿地之间种类和相对多度变化显著（图 5-20）。塌陷新生湿地鸟类取食功能群相对丰度主要以肉食性鸟类及食虫鸟为主，食谷鸟、植食性鸟及杂食性鸟在新生湿地中所占比例较小。肉食性鸟类主要由非雀形目中鸻鹬类、鹭类及猛禽组成，在不同塌陷时间新生湿地中分布变化明显，总体上在塌陷时间较短的样地Ⅰ、样地Ⅱ中种类最丰富，随着塌陷时间增加，肉食性鸟类种类呈逐渐下降趋势。食虫鸟主要为非雀形目中啄木鸟类、伯劳类及雀形目中莺类、鹟类组成，在不同塌陷时间新生湿地中变化不明显，塌陷时间较短的样地Ⅰ、样地Ⅱ、样地Ⅲ食虫鸟组成以苇莺等草丛鸟类为主，塌陷时间较长的样地Ⅴ、样地Ⅵ食虫鸟中苇莺等草丛鸟种类较样地Ⅰ、样地Ⅱ、样地Ⅲ少，但食虫鸟中啄木鸟类及柳莺类林鸟较多。食谷鸟种类主要为斑鸠、麻雀和鹀类，塌陷时间较长的样地Ⅴ、样地Ⅵ中食谷鸟所占比例较大。植食性鸟类为鸭科中部分种类，主要集中分布于样地Ⅳ、样地Ⅴ。杂食性鸟类主要为非雀形目中鸭类、雉类及秧鸡类等湿地鸟类，塌陷样地Ⅲ中杂食性鸟类比例最大，其他样地杂食性鸟类比例差异不大。

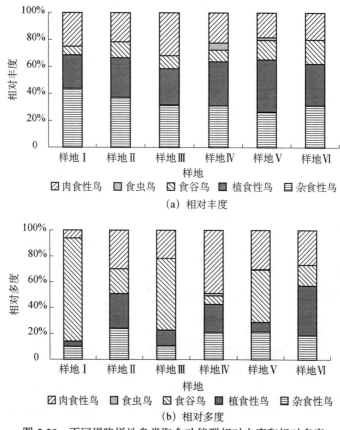

图 5-20　不同塌陷样地鸟类取食功能群相对丰度和相对多度

研究区域鸟类取食功能群相对多度主要以食谷鸟及杂食性鸟类为主，其在不同塌陷时间新生湿地间分布与相对丰度差异较大。肉食性鸟类相对丰度较高，但在新生湿地中相对多度均较低，表明肉食性鸟类种类虽然丰富，但数量相对较少。食虫鸟相对多度以样地Ⅱ及样地Ⅵ数量较多，塌陷1年的样地Ⅰ中比例最小。食谷鸟是新生湿地中相对多度的重要组成，其中以样地Ⅰ、样地Ⅲ中比例最大，这与秋冬季节食谷鸟类的大量集群行为关系密切。杂食性鸟类相对多度以样地Ⅳ所占比例最大，这主要是由于该样地水域面积较大，挺水植物空间结构复杂。

第五节　塌陷区与非塌陷区鸟类多样性对比研究

采煤塌陷是因地下煤炭采空后导致地表塌陷的一种人为次生地质灾害。人们长期以来多把它当作一种灾害进行治理，通过复垦试图恢复土地的使用价值。在研究区域所在的济宁市境内，有大量因采煤塌陷而形成的新生湿地，这些新生湿地形成后马上吸引大量鸟类到此活动，使新生湿地成为鸟类尤其是湿地鸟类重要的栖息地。但由于对采煤塌陷区新生湿地缺乏全面、科学的认识，仅把它作为采煤塌陷带来的灾害进行整治利用，未能从生态系统与生物多样性角度进行深入分析。因此，作者选取济宁市兖州煤田太平采煤区采煤塌陷区新生湿地鸟类为研究对象，同时选取非塌陷耕地作为对照区，对塌陷区与非塌陷区鸟类群落及多样性进行定量研究，为科学全面地认识新生湿地提供依据。

一、塌陷区与非塌陷区鸟类种类比较

研究区域非塌陷区鸟类种类组成及居留类型结果见表5-10。非塌陷区鸟类种类相对于塌陷区新生湿地较少，调查共记录鸟类24种，且非塌陷区所记录的鸟类在塌陷区新生湿地调查中均有记录，占塌陷区鸟类19.2%。非塌陷区鸟类组成中非雀形目鸟类仅有5科6种，分别为雉科雉鸡（*Phasianus colchicus*），鹭科白鹭（*Egretta garzetta*），鸠鸽科山斑鸠（*Streptopelia orientalis*）、珠颈斑鸠（*S.chinensis*），戴胜科戴胜（*Upupa epops*），啄木鸟科星头啄木鸟（*Dendrocopos canicapillus*），分别占非塌陷区鸟类科和种的 31.3% 和 24%。其中除白鹭外，其余鸟类皆为北方常见农田鸟类，白鹭为塌陷范围内尚未塌陷的耕地对照样地记录。

与塌陷区新生湿地鸟类居留类型组成相比，非塌陷区鸟类以留鸟为主，占非塌陷区鸟类种类总数的 50%，这与塌陷区新生湿地鸟类以旅鸟为主不同，因此鸟类种类及数量在季节上的变化与塌陷区新生湿地鸟类变化差异明显。

表 5-10   塌陷区与非塌陷区鸟类种类组成及居留型比较

	目	科	种	留鸟	旅鸟	夏候鸟	冬候鸟
非塌陷区	6	16	24	12	7	4	1
塌陷区	14	37	125	27	56	26	16
非塌陷区比例/%	42.9	43.2	19.2	44.4	12.5	15.4	6.3

二、塌陷区与非塌陷区鸟类种类及数量季节变化差异比较

非塌陷对照区所记录鸟类以留鸟为主，由于生境异质性较低，生境类型与新生湿地相比更单一，鸟类种类与数量的季节变化与新生湿地差异较大。塌陷区新生湿地鸟类种类秋季>春季>冬季>夏季（图 5-7），非塌陷对照区鸟类种类季节变化与塌陷区变化趋势相反，春季最多，共 18 种，其次为夏季，共 12 种，冬季 10 种，秋季 8 种（图 5-21）。塌陷区新生湿地鸟类数量变化与非塌陷区差异较大，塌陷区新生湿地鸟类数量季节变化表现为秋季>冬季>夏季>春季（图 5-7），非塌陷对照区夏季数量最多，其次为春季、秋季、冬季。春季北方逐渐回暖，耕地中多以小麦为主，处于生长期，鸟类种类较丰富，多在农田中活动觅食，麻雀为春季耕地中鸟类优势种，在塌陷范围内的对照耕地区中受塌陷新生湿地影响，有迁徙性旅鸟经过；夏季小麦生长较高，较密集，鸟类多活动于耕地周边及小麦地上空，家燕及麻雀为夏季耕地中优势种；秋季是耕地中农作物收获的季节，鸟类种类主要是麻雀、山斑鸠等食谷鸟，它们多在收割后的农田寻找食物，因此种类较少；冬季北方耕地大多经过翻耕，小麦以幼苗过冬，此时耕地中人为干扰最小，雉鸡等常到耕地中觅食，但由于气候寒冷，食物资源为一年中最贫乏时期，因此鸟类数量最少，山斑鸠为冬季耕地中优势种。

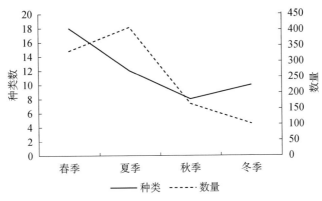

图 5-21 非塌陷区鸟类种类及数量的季节变化

三、塌陷区与非塌陷区鸟类群落的空间分布格局比较

如图 5-22 所示，不同季节非塌陷区样地之间鸟类种类的不同，反映了鸟类在不同季节内的空间分布差异。总体上，同一季节内非塌陷区样地之间鸟类种类差异较小。非塌陷区样地Ⅶ为塌陷区范围内尚未塌陷的耕地，受周边塌陷新生湿地影响，鸟类种类除夏季外，均高于其他非塌陷区耕地样地。春季非塌陷区样地内，样地Ⅶ记录有鸟类 10 种，其中棕头鸦雀（*Sinosuthora webbiana*）、红尾伯劳（*Lanius cristatus*）为仅在塌陷区范围内非塌陷耕地内有记录的鸟类，其他样地主要以常见农田鸟类为主；夏季非塌陷区对照耕地中样地Ⅹ鸟类种类数最多，共 8 种，相对其他非塌陷样地仅多 1 种，秋季与冬季非塌陷区样地之间鸟类种类相差均较小。非塌陷区样地由于生境类型单一，异质性较低，因此非塌陷区鸟类种类较少，分布较均匀。

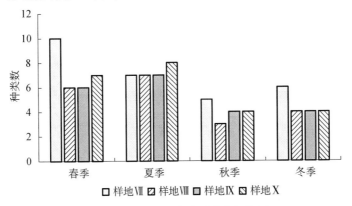

图 5-22 非塌陷区鸟类群落空间格局

四、塌陷区与非塌陷区鸟类多样性比较

由于研究区域塌陷区与非塌陷区生境差异较大,鸟类群落结构组成也有巨大差异。对塌陷区与非塌陷区鸟类种类、数量及多样性指数进行统计、分析、对比表明,新生湿地鸟类群落结构更复杂,多样性更高。

由表 5-11 可知,非塌陷区样地内鸟类种类较少,塌陷区湿地样地鸟类物种数最少为 71 种,最多为 98 种,远远高于非塌陷区样地;塌陷区鸟类数量最少为 1015[①],远高于非塌陷区鸟类数量;非塌陷区鸟类 Shannon-wiener 指数相比塌陷区较低,均匀度指数差异不大,非塌陷农耕区均匀度指数比塌陷区湿地略高。总体上,塌陷区生境类型丰富、结构复杂,能够满足多种鸟类对食物资源及栖息场所的需求,因此种类、数量及 Shannon-wiener 指数较高,而农田由于生境类型和结构单一,鸟类种类及数量较少,鸟类数量分配较均匀,因此均匀度指数比塌陷湿地略高。

表 5-11　非塌陷区鸟类多样性

样地	种类数	数量	Shannon-wiener 指数	Pielou 均匀度指数
样地Ⅶ	18	304	1.14	0.73
样地Ⅷ	9	245	0.91	0.86
样地Ⅸ	10	235	1.00	0.77
样地Ⅹ	11	164	1.22	0.93

华北平原是我国重要的农耕区,农业发展历史悠久,多为大面积农田,单一的农田景观中鸟类多样性较贫乏。鸟类群落结构差异对不同环境具有指示作用,鸟类总是选择对自己生存、繁殖最有利的环境,因此,生境结构决定了鸟类群落结构。对照区生境以农田为主,主要种植小麦及玉米,同时镶嵌有少量以杨树为主的林地,生境结构单一。范喜顺等对华北平原耕作区鸟类群落研究表明,麻雀、喜鹊(*Pica pica*)、家燕、戴胜(*Upupa epops*)、珠颈斑鸠(*Streptopelia chinensis*)等是平原农耕区优势种;卢全伟等对河南平原农田区鸟类研究表明,农耕区鸟类以雀形目鸟类为主,且生境分布中以农耕区中的村庄鸟类种类为

---

① 数据为野外观察所得。

主，河流水域中鸟类最少。塌陷湿地的形成使塌陷区原有农田生态系统转变为湿地生态系统。调查表明，非塌陷农耕对照区鸟类主要以雀形目鸟类为主。相对于对照区，塌陷湿地生境类型复杂多样，有深水、浅水、滩涂等多种生境类型以及尚未积水但地表已经变形的陆地，加上新生湿地上镶嵌分布的湿地植物群落，使得环境空间异质性极大提高，鸟类种类丰富。塌陷区新生湿地以非雀形目鸟类为主，优势种为小䴙䴘、绿翅鸭（*Anas crecca*）、黑水鸡、棕头鸦雀（*Sinosuthora webbiana*）等湿地鸟类及草丛鸟类。

五、塌陷区与非塌陷区鸟类功能群比较

非塌陷区鸟类取食功能群与塌陷区新生湿地相比差异较大。新生湿地鸟类功能群类型较丰富，不同样地之间取食功能群相对丰度及相对多度变化明显；非塌陷区取食功能群类型相对较少，主要以食虫鸟与食谷鸟为主，相对多度以食谷鸟为主，不同样地之间变化不大。样地Ⅶ为塌陷范围内尚未塌陷耕地，受周围新生湿地影响，有肉食性鸟类白鹭在此活动，但数量较少，其他样地无肉食性鸟类分布；非塌陷区样地Ⅷ、样地Ⅸ、样地Ⅹ为塌陷范围外的耕地生境，种类组成比例依次为食虫鸟、食谷鸟、杂食性鸟，相对多度主要以食谷鸟为主，食虫鸟次之，杂食性鸟类最少（图5-23）。这与非塌陷区耕地不同季节所种植的作物及耕种情况有关，夏季主要为食虫鸟类活动，数量较多，但秋冬季节作物收获后，耕地中主要以食谷鸟为主，数量较集中。与新生湿地相比，其功能群组成简单，变化较小。

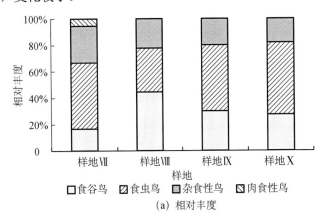

(a) 相对丰度

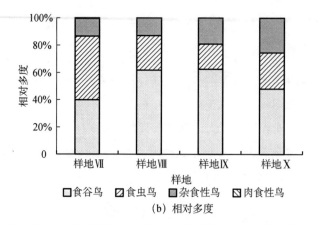

（b）相对多度

图 5-23　非塌陷区样地鸟类取食功能群相对丰度和相对多度

第六节　采煤塌陷区典型新生湿地生境鸟类

采煤塌陷区新生湿地作为一种处在不断发育过程中的动态新型湿地，形成后主要生境类型为水域、湿地植物斑块、滩涂。在不断塌陷的过程中，湿地发育将受到塌陷的影响，生境类型和结构发生变化，了解新生湿地典型生境鸟类多样性分布及变化规律有利于为后期新生湿地保护利用提供科学依据。

一、典型新生湿地生境鸟类种类组成

2016 年 1~10 月，在济宁邹城市兖州煤田太平采煤区塌陷区新生湿地的水域、湿地植物及滩涂 3 种典型生境进行了鸟类调查研究，每个季度调查 1 次。

典型生境鸟类调查共记录鸟类 63 种，隶属 12 目 29 科，其中旅鸟 24 种、留鸟 15 种、夏候鸟 17 种、冬候鸟 7 种。

1. 水域生境

在水域生境中共记录鸟类 26 种，其中非雀形目鸟类居多，共 20 种，占该生境鸟类种类数的 76.9%，雀形目鸟类 6 种，占鸟类总数的 23.1%。总体上，水域生境鸟类以鹭类涉禽和雁鸭类游禽为主。从居留类型看，该生境鸟类中候鸟有 20 种，占该生境鸟类的 76.9%，其中以夏候鸟种类最多，共计 10 种，占鸟类种类总数的 38.5%，其次为留鸟 6 种、旅鸟 5 种、冬候鸟 5 种。该生境鸟类以常见种为主，共 11 种，其次为稀有种 8 种、罕见种 5 种、优势种 2 种，优势种为小䴙䴘和骨顶鸡。

2. 湿地植物群落生境

湿地植物群落中鸟类种类最丰富，共记录鸟类 47 种，其中非雀形目鸟类 29 种，占该生境鸟类种类数的 61.7%，雀形目鸟类 18 种，占鸟类总数的 38.3%。总体上，该生境鸟类以雀形目中小型草丛鸟类鸣禽及非雀形目鸟类中游禽为主。从居留类型看，该生境鸟类中候鸟有 32 种，占该生境鸟类的 68.1%，其中以旅鸟种类最多，共计 18 种，占鸟类种类总数的 38.3%，其次为留鸟 15 种、夏候鸟 10 种、冬候鸟 4 种。以稀有种为主，共 28 种，其次为常见种 16 种、优势种 3 种，无罕见种记录，其中优势种分别为绿翅鸭、棕扇尾莺、麻雀。

3. 滩涂生境

滩涂生境中鸟类种类最少，共记录鸟类 25 种，其中非雀形目鸟类 17 种，占该生境鸟类种类数的 68%，雀形目鸟类 8 种，占鸟类总数的 32%。总体上，该生境鸟类以非雀形目鸻鹬类涉禽为主。从居留类型看，该生境鸟类中候鸟有 19 种，占该生境鸟类的 76%，其中以夏候鸟种类最多，共计 11 种，占鸟类种类总数的 44%，其次为旅鸟 7 种、留鸟 6 种、冬候鸟 1 种。以常见种为主，共 11 种，其次为稀有种 9 种、优势种 4 种，无罕见种记录，其中优势种分别为黑翅长脚鹬、金眶鸻、扇尾沙锥、家燕、灰椋鸟。

二、典型新生湿地生境鸟类多样性

1. 水域生境

水域生境是塌陷区新生湿地分布最广的生境类型，也是水鸟中游禽主要的栖息生境。由表 5-12 可知，水域生境中夏季鸟类种类最丰富，春季与秋季次之，冬季种类最少；Shannon-wiener 指数为夏季>春季>冬季>秋季，均匀度指数夏季>春季>冬季>秋季。水域生境中鸟类季节变化在优势种上表现明显，小䴙䴘为新生湿地中除秋季外最主要的优势种，普通燕鸥、黑水鸡为春季与夏季水域生境中分布数量最丰富的鸟类，普通燕鸥是春、夏季节水域生境中重要优势种鸟类，也是调查区域的主要繁殖鸟类之一，春、夏季节集中于水域中繁殖，在新生湿地水域中觅食，秋、冬季节，水域生境中的主要优势种鸟类为骨顶鸡，它们大量集群于水域中觅食，数量较丰富。

表 5-12　水域生境中鸟类种类、多样性指数及优势种

季节	种类	Shannon-wiener 指数	均匀度指数	优势种
春季	11	1.84	0.80	小䴙䴘、凤头䴙䴘、黑水鸡、普通燕鸥
夏季	14	2.22	0.84	小䴙䴘、黑水鸡、普通燕鸥、家燕
秋季	11	0.90	0.39	骨顶鸡
冬季	8	1.304	0.63	小䴙䴘、骨顶鸡

2. 湿地植物群落生境

湿地植物群落是新生湿地典型生境。新生湿地形成后，积水区自然生长出大面积以芦苇、香蒲为主的挺水植物，因塌陷的不均一性，湿地植物群落空间分布复杂，众多不同种类挺水植物呈片状、带状分布，是新生湿地中鸟类多样性最丰富的生境。湿地植物群落中记录鸟类 47 种。由表 5-13 可知，湿地植物群落生境中不同季节鸟类种类变化较大，秋季种类最丰富，其次为夏季、秋季，冬季鸟类种类最少。Shannon-wiener 指数为夏季>春季>秋季>冬季，均匀度指数夏季>春季>冬季>秋季。湿地植物群落生境是湿地鸟类中游禽、涉禽及草丛鸟类主要的活动和觅食生境，棕头鸦雀为湿地植物群落生境中主要草丛鸟类。除秋季外，在其他季节均为优势种，春季优势种还有黑水鸡、麻雀，夏季为麻雀，秋季为骨顶鸡与绿翅鸭，冬季为黑水鸡、喜鹊。

表 5-13　湿地植物群落中鸟类种类、多样性指数及优势种

季节	种类	Shannon-wiener 指数	均匀度指数	优势种
春季	18	2.29	0.79	黑水鸡、棕头鸦雀、麻雀
夏季	19	2.59	0.88	棕头鸦雀、麻雀
秋季	26	2.07	0.64	骨顶鸡、绿翅鸭
冬季	10	1.80	0.78	黑水鸡、喜鹊、棕头鸦雀

3. 滩涂生境

滩涂生境是新生湿地中的重要生境类型，是湿地中涉禽的主要栖息生境。塌陷区新生湿地不断塌陷，因此新生湿地生态系统始终处于动态发育过程中。在新生湿地发育之初，塌陷较浅，滩涂生境面积较大，随着塌陷的不断加深，滩涂生境面积比例有下降趋势；除此之外，由于季节性降水影响，滩涂生境因水位上涨而淹没，因此滩涂生境面临的干扰较大。由表 5-14 可知，滩涂生境鸟类季节变化较大，春季种类最丰富，夏季次之，秋季较少，冬季滩涂无记录，

Shannon-wiener 指数季节变化与种类一致，均匀度指数为秋季>春季>夏季。春季为鸻鹬类迁徙季节，所记录迁徙鸻鹬种类较多，优势种为黑翅长脚鹬、扇尾沙锥及金眶鸻；夏季鹭类涉禽种类丰富，但数量较少，优势种为食虫鸟家燕及杂食性鸟类灰椋鸟；秋季新生湿地水位上涨，大量滩涂淹没，因此鸟类较少，仅记录 2 种鸻鹬及 1 种鸭类，冬季因气温较低，滩涂结冰，无鸟类活动。

表 5-14　滩涂生境鸟类种类、多样性指数及优势种

季节	种类	Shannon-wiener 指数	均匀度指数	优势种
春季	16	2.08	0.75	黑翅长脚鹬、扇尾沙锥、金眶鸻
夏季	12	1.82	0.73	家燕、灰椋鸟
秋季	3	0.97	0.88	斑嘴鸭、扇尾沙锥、泽鹬
冬季	0	0	0	

三、典型新生湿地生境鸟类功能群

新生湿地典型生境鸟类功能群组成差异明显。水域生境中功能群类型相对单一，主要为肉食性鸟类和杂食性鸟类，其中肉食性鸟类主要为鹭类涉禽、部分雁鸭类游禽及猛禽，均为典型湿地水鸟，食虫鸟主要为部分鸻鹬类鸟类；湿地植物群落生境中，鸟类功能群类型最丰富，说明湿地植物群落生境食物资源丰富，能够满足不同取食类型鸟类，湿地植物群落生境中杂食性鸟类所占比例最大，其次为肉食性鸟类、食虫鸟、食谷鸟和植食性鸟类，植食性鸟类为鸭科的赤膀鸭，仅在湿地植物群落生境中记录，食谷鸟为鸦类及麻雀等，主要分布于湿地植物群落生境中；滩涂生境主要为食虫鸟及肉食性鸟类，主要为非雀形目湿地鸟类（图 5-24）。

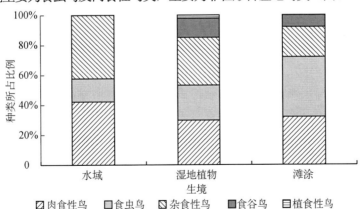

图 5-24　典型生境鸟类功能群组成比较

第七节　新生湿地中的特征性鸟类

调查发现，在已观测到的 71 种湿地鸟类中，塌陷区湿地共有 70 种，非塌陷区湿地共有 34 种。因采煤塌陷区新生湿地塌陷深度深浅不一，塌陷湿地主要以浅水型湿地为主，湿地植物种类丰富，发育良好，水质清澈，形成了独特的浅水型淡水湿地，成为兖州煤田太平采煤区塌陷湿地内湿地鸟类的主要活动区域，为湿地鸟类提供了充足的食物来源及良好的栖息、庇护场所，成为塌陷新生湿地的指示性物种。

分析表明，新生湿地鸟类多样性分布与其他湿地鸟类多样性相近，说明新生湿地与其他湿地类型一样能够满足鸟类生存所需要的条件与资源。从鸟类多样性角度看，新生湿地在其他湿地面积不断减少的今天，可以作为湿地资源的重要补充。新生湿地作为一种独特的湿地类型，其动态发育与其他湿地类型存在差异。为了解新生湿地中环境变化与生态系统健康，筛选新生湿地中具有代表性指示鸟类具有重要意义。新生湿地典型生境鸟类研究中，不同季节在不同生境中鸟类组成及数量分布差异较大，但总体上该生境内优势种反映了该生境环境特征。以水域生境为例，水域生境中主要以小䴙䴘为优势种，且不同季节优势种有差异，除小䴙䴘外，春季优势种还有凤头䴙䴘、普通燕鸥、黑水鸡，夏季则主要为黑水鸡、普通燕鸥，秋季与冬季主要为骨顶鸡。

1. 凤头䴙䴘

凤头䴙䴘为研究区域的留鸟，多栖息于大面积塌陷水域，尤其喜好栖居于沉水植物及挺水植物丰富的水域，丰富的沉水植物是其重要的巢材，茂密的挺水植物为其提供了重要的栖息及庇护场所（图 5-25）。在山东邹城太平国家湿地公园内，主要塌陷水域面积较大，适合凤头䴙䴘生活，塌陷水域部分区域有发育良好的沉水植物以及斑块状的挺水植物，在繁殖季节为其提供了筑巢所用巢材及庇护，对环境的利用较高，选择性较好，在调查中，其仅分布于塌陷湿地水域。

图 5-25　凤头䴙䴘

2. 黑水鸡

黑水鸡为研究区域的留鸟、游禽，是采煤塌陷区新生湿地生态系统健康的重要指示鸟种。黑水鸡为湿地公园内的常见留鸟，在湿地公园内主要分布于塌陷湿地水域，由于其虽为游禽，但为秧鸡科鸟类，主要取食水生植物嫩叶、幼芽、根茎以及水生昆虫、软体动物等，因此常活动于塌陷水域周边水深较浅且沉水植物、挺水植物发达的区域，分布广泛，采煤塌陷区新生湿地丰富的湿地植物为其提供了重要的食物来源及栖息庇护场所，为典型的新生湿地特征种（图 5-26）。

图 5-26　黑水鸡

3. 黑翅长脚鹬

黑翅长脚鹬为涉禽，相对于其他丘鹬科鸟类，其腿和嘴更长，长嘴及长腿为其在浅水滩涂中觅食提供了便利，同时也让其生态位较其他丘鹬科鸟类更广，采煤塌陷区新生湿地由于塌陷年份不同以及塌陷的不均一性，形成了大量的浅水滩涂生境，且生长有大量湿地植物，如芦苇、菖蒲等，这些滩涂也成为鸻鹬类鸟类的主要觅食场所，春季大量的黑翅长脚鹬（图 5-27）成群于滩涂觅食，对于滩涂湿地的发育具有重要意义。

图 5-27　黑翅长脚鹬

4. 震旦鸦雀

震旦鸦雀为研究区域的留鸟，中国特有珍稀鸟类。根据观察，芦苇是震旦鸦雀觅食的唯一场所，只取食芦苇中的昆虫以及芦苇嫩芽。在繁殖季节，干枯的芦苇秸秆是它们的主要巢材，其对于芦苇的高度依赖，使芦苇成为限制其生存的重要因素。山东邹城太平国家湿地公园内，不同年份采煤塌陷区新生湿地或多或少都发育有不同面积的芦苇，这些芦苇为其提供了重要的食物来源及巢材，为震旦鸦雀的生存提供了保障。

5. 普通燕鸥

普通燕鸥是新生湿地中重要的繁殖鸟类，其巢址选择主要集中在样地Ⅳ中裸露的岛屿，繁殖时期育雏需要在整个新生湿地中觅食，一旦新生湿地中环境发生变化，水位上涨时筑巢地被淹没，普通燕鸥将寻找新的生境进行繁殖，数量将分散下降；在新生湿地中水质受到污染、鱼类资源下降时，不能满足普通燕鸥育雏所需食物，其将飞往更远的周边水域觅食，将直接导致新生湿地中普通燕鸥数量减少，同时其在不同新生湿地间觅食捕鱼，也促进了新生湿地中鱼类资源的传播，普通燕鸥数量的变化将间接影响新生湿地生态系统稳定。

第六章　新生湿地生态服务功能及生物多样性维持机制

第一节　采煤塌陷区新生湿地生态服务功能

湿地生态系统服务是指湿地生态系统对人类福祉和效益的直接或间接贡献。湿地生态系统不仅为人类提供原材料、食物、水资源等生态产品，而且在气候调节、洪水调蓄、水质净化、生物多样性保育、碳汇等方面具有不可替代的作用。自 Costanza 等 1997 年在 *Nature* 上发表关于湿地生态系统服务的研究以来，人们逐渐认识到湿地生态系统对维持人类生存和社会经济可持续发展的重要作用，湿地生态系统服务研究逐渐成为生态学研究的热点。

山东邹城太平国家湿地公园所在的兖州煤田采煤塌陷区新生湿地是华北平原生态安全的重要组成部分，具有保护和维持生物多样性、调节地区气候、水源涵养、应对气候变化尤其是极端灾害性天气等重要作用。

作者把山东邹城太平国家湿地公园所在的兖州煤田采煤塌陷区新生湿地的生态服务功能分为物质生产功能、水资源调蓄功能、污染净化功能、气候调节功能、固碳释氧功能、生物多样性保育功能、旅游观赏功能、科学研究功能。

1. 物质生产功能

物质生产是指湿地生态系统生产的可以进入市场交换的物质产品，包括植物和动物产品。山东邹城太平国家湿地公园所在的兖州煤田采煤塌陷区新生湿地主要的物质产品包括水生蔬菜（如菱角、芡实、菰、莲等）、水产品（如鱼、虾等）、工艺品原材料（如用作编织品原材料的杞柳、芦苇等）等几方面的物质产品。

2. 水资源调蓄功能

湿地除了在洪水期间能够均化洪水之外，在干旱季节还能调节旱情。山东邹城太平国家湿地公园所在的兖州煤田太平采煤区采煤塌陷区地处华北平原，是一个相对缺水的区域，冬、春少雨，近年来春旱严重，加上全球变化背景下的极端灾害性天气频发，即洪涝灾害和连续干旱的灾害性天气经常发生。在塌陷区，采煤塌陷导致形成一系列深浅不同的湿地，这些湿地就是天然的水库，通过其巨大水体容积对降水、地表水和地下水补给进行充分蓄积。枯水期对整个区域水量起着重要的补给作用；在洪涝时期，由于蓄水容量大，可发挥重要的洪水调蓄功能，起到削峰、滞洪、缓流的作用。

3. 污染净化功能

湿地有强大的净化污水能力，是自然环境中净化能力最强的生态系统之一，利用生态系统中的物理、化学、生物的三重协调作用，通过过滤、吸附、沉淀、植物吸收、微生物降解来实现对污染物质的高效分解与净化。山东邹城太平国家湿地公园所在的兖州煤田采煤塌陷区地处华北平原，是一个农耕历史悠久的区域，塌陷区周边农田、村落广布。这些塌陷区的湿地对农村面源污染起到了重要的净化作用，尤其是对氮（N）、磷（P）的吸收，能够有效地抑制自然水体（如河流、湖泊）的富营养化。

4. 气候调节功能

在湿地的能量转换中，诸多因子的变化过程直接或间接地影响气候和环境，其能量转换尤其对小环境有重要的调节功能，如大气、植被和土壤表面之间的辐射过程、感热和潜热交换，土壤中热传导和土壤孔隙的热量传输及水文过程中的大气降水和地表地下径流的输入，湿地表面的水气蒸发，植被的蒸腾，水气在地表和近地面大气的凝结，液态水的流动与渗透。山东邹城太平国家湿地公园所在的兖州煤田太平采煤区采煤塌陷区新生湿地植物生长茂盛，密集的草丛阻碍了水气蒸发扩散、确保湿地能够长时间地滞留水量。特殊的地热学性质使得塌陷区湿地水体通过水面蒸发不断地与大气之间进行热量和水分交换，成为该区域的天然"加湿器"；草本植被群落由于生长茂盛，水分通过植物向环境空气中的蒸腾量大，从而增加所在区域环境空气中的水分含量，使周围地区保持良好的湿度。塌陷区湿地地表积水，是一个巨大的贮水库，由于水的比热和溶解热较大，对大气温度变化有一定的缓冲作用。

5. 固碳释氧功能

塌陷区新生湿地中的绿色植物在太阳光的作用下，能通过内部叶绿体固定 CO_2，减少温室气体排放；湿地的土壤以长链有机碳化合物或泥炭状植物物质保留碳元素，因此湿地是重要的碳汇。绿色植物在光合作用固定 CO_2 的同时，能释放 O_2。根据光合作用方程，植物每生产 1kg 干物质向空气中释放 1.2kg O_2。

6. 生物多样性保育功能

湿地处于陆生生态系统与水生生态系统的交汇过渡带，受两种系统的影响又区别于这两个系统，湿地区域生物多样性丰富；独特的湿地生态环境，也形成了与之相适应的独特生物多样性构成。研究表明，在被视为生物多样性洼地的华北平原，由于采煤塌陷形成新生湿地后，动植物种类变得丰富，而成为生物多样性热点区域，显示出巨大的生物多样性保育功能。

7. 旅游观赏功能

采煤塌陷区的湿地生态系统因其独特的景观特性，为人们提供了一个较好的旅游场所。夏季水涨，呈现一片丰水景观；冬季水位较低，滩涂、沼泽尽收眼底，越冬水鸟成群游弋。利用这种独特的塌陷区新生湿地景观，山东邹城太平国家湿地公园已形成以湿地生态旅游为主体，集观光、休闲、观鸟和文化体验于一体的特色湿地生态旅游区。

8. 科学研究功能

采煤塌陷区新生湿地作为多样性较高的生态系统，吸引了大量科学工作者来此开展研究工作。自 2014 年以来，本书作者对位于华北平原兖州煤田的邹城市太平镇鲍店煤矿及横河煤矿采掘塌陷区进行了多次调查研究，发现塌陷仅一年的地表，积水后湿地植物就快速生长发育起来。与湿地植物的发育相伴，底栖无脊椎动物、水鸟也出现在塌陷区新生湿地区域。这些湿地生物的种类丰度和多样性远远超出了我们的预估。因此，迫切需要系统、深入地研究采煤驱动下塌陷区生态演变规律，尤其是塌陷区新生湿地变化，从生态系统角度，植根于水环境、土壤和生物要素，系统探讨采煤塌陷区新生湿地生态演变及动力学机制。煤矿采掘塌陷新生湿地特征典型，是我国采煤塌陷区新生湿地颇具代表性的区域，其湿地结构、功能及生态过程潜藏着诱人的科学问题，是采煤塌陷灾害控制生态调控和塌陷区新生湿地生态系统动力学关注的综合研究区域。

第二节　采煤塌陷区新生湿地生物多样性受胁状况

由于我们对采煤塌陷区新生湿地生物多样性的重要性认识不够，尚未认识到采煤塌陷之后形成的湿地及其丰富的生物多样性将为当地带来的巨大福祉，因此这些宝贵的湿地生态系统及资源受到了不正确的对待。不当的开发行为及人类活动的干扰持续对这些新生湿地产生着巨大威胁，使得塌陷区新生湿地生态自然衰退。主要的问题如下。

1. 土地盲目复垦造成对湿地的破坏

传统上一直把采煤塌陷看成是灾害，因此相关部门一直以来的做法就是复垦土地。事实上，煤矿采空后的塌陷趋势不可逆转，兖州煤田这样的塌陷在采空后会持续 30 年左右，最大塌陷深度 6~7m。但塌陷是不均一的，由此造成大的地形及形成湿地后的水下地形的起伏，使环境空间异质性增加；加上土壤种子库的巨大作用，因此生物多样性能够迅速丰富起来。盲目的土地复垦不仅破坏具有丰富种子库的土壤，而且使得地表环境的异质性丧失，不利于生物多样性的保护。大规模的土地复垦使湿地面积减少，同时湿地生境异质性下降。另外，土地复垦的区域往往有机质丰富，生境异质性高，水生动植物丰富，不仅是鱼类重要的栖息和繁殖场所，也是水鸟的栖息地，特别是越冬水鸟的栖息地。因此，大规模土地复垦活动对新生湿地的生物多样性保育构成严重威胁。

2. 大量精养鱼塘的修建对湿地造成污染和破坏

人们已经认识到煤炭采空后持续塌陷形成的湿地会对水形成积蓄，在湿地开展养殖活动具有较大的经济价值。因此，在塌陷区修建精养鱼塘，修建整齐划一的方格式规整鱼塘，不仅鱼塘边岸成为直立式陡岸，且很多鱼塘的边岸进行了硬化，采取集约化养殖方式。精养鱼塘的修建及集约化养殖，不仅使得丰富多样的湿地生境类型丧失，而且将产生水环境污染。

3. 外来入侵物种对湿地的破坏

外来物种近年入侵加快，加上在塌陷区新生湿地利用及景观建设过程中引入的一些外来种，对湿地生态系统的组成、功能影响很大。在邹城市太平采煤区塌陷区发现的外来入侵植物有水葫芦、水花生等，这些植物生长繁殖很快，影响其他植物的正常生长繁衍。入侵的动物主要有福寿螺、克氏原螯虾等，这种外来物种破坏湿地生态系统，危害很大。

4. 各类开发建设项目对湿地的破坏

由于塌陷区新生湿地景观的独特性，近年来在塌陷区开展旅游活动已经成为一个趋势。但一些地方为开展旅游活动而进行的无序基础设施建设，如修建公路、筑坝拦水、修建各种游乐设施，侵占湿地，破坏了湿地生态系统的完整性，使湿地生态服务功能降低。

5. 滥捕乱猎时有发生

采煤塌陷区新生湿地形成后，水鸟和鱼类资源丰富起来，周边的一些居民生态保护意识不强，酷渔滥捕、捕杀水鸟时有发生，对湿地生物多样性造成严重影响。

第三节　影响采煤塌陷区新生湿地生物多样性的因素

野外调查研究发现，大面积的明水面、适应季节的水位变化以及一定比例的滩涂面积是采煤塌陷区新生湿地影响植物多样性和鸟类多样性变化的关键因素。

1. 大面积的明水面

从采煤塌陷区新生湿地中湿地鸟类的组成来看，比例最大的是雁形目鸭科鸟类。除此之外，秧鸡科黑水鸡、白骨顶，鸬鹚科普通鸬鹚，鸥科普通燕鸥等鸟类的栖息需要大面积明水面，即湿地中超过一半的湿地鸟类需要大面积明水面，且明水面面积要大，这是因为其需要一定水域空间对人为干扰进行躲避应对。以邢村东部水域为例，其东西两面均有道路，有大量车辆往来，其中西部道路距离水面较近，南北两侧虽无道路直接干扰，但均存在农田干扰以及水中围网养鱼的干扰。水域面积足够大，其有充足的空间对干扰进行回避。

2. 水位调控

采煤塌陷区新生湿地中湿地鸟类主要为涉禽与游禽两大类，且秋、冬季节以游禽为主，春、夏季节以涉禽为主。冬季游禽需要大面积明水面，且水深较深，而夏季涉禽则需要浅水位及大面积浅水滩涂湿地，因此可通过一定水位调控实现对不同季节、不同湿地鸟类对生境的需求进行调控，以满足鸟类需求。

3. 滩涂面积

滩涂是以鹭科、丘鹬科鸟类为主的涉禽的主要觅食场所。涉禽作为湿地鸟类组成中的另一大类，在湿地鸟类中占据重要地位，因此需保证一定面积的滩涂。采煤塌陷区新生湿地涉禽主要集中在夏季，因此夏季湿地鸟类所需的滩涂面积更大，而冬季湿地鸟类以游禽为主，对大面积明水面需求较大。

第四节　采煤塌陷区新生湿地生物多样性形成和维持机制

兖州煤田太平采煤区所在的华北平原为农耕区域，是几千年的传统农耕地带，由于地处暖温带，地形起伏不大，空间环境异质性较低，一直被视作生物多样性较为贫乏的区域。对兖州煤田太平采煤区采煤塌陷区新生湿地的研究表明，在 $10km^2$ 塌陷区有维管植物 392 种，而同样面积的对照区（农田）只有维管植物 74 种。在 $10km^2$ 塌陷区植被类型有 55 个群系，其中水生植被 33 个群系；而在同样面积的农田对照区则植被类型只有 8 个群系，水生植被 1 个群系。在 $10km^2$ 塌陷区有鸟类 125 种；而在同样面积的农田对照区则只有鸟类 24 种。研究表明，在被视为生物多样性洼地的华北平原，由于采煤塌陷形成新生湿地后，动植物种类变得丰富，而成为生物多样性热点区域，显示出巨大的生物多样性保育功能。从一个生物多样性较贫乏的传统农耕区，塌陷后形成新生湿地，到成为生物多样性热点区域，其生物多样性的成因及维持机制是什么？

物种多样性直接影响着生态系统的功能和稳定性。当前，物种多样性的丧失速率大约是人类出现以前的 1000 倍，而未来的丧失速率可能更加严重，因此，物种多样性分布格局的成因及影响因素成为生态学和保护生物学研究的主题。物种多样性的维持及保护需要为物种提供适合的定居条件。决定生物多样性的因素有很多，主要的因素包括空间异质性、气候稳定性、竞争和捕食等种间关系等。孙儒泳等提出了生物多样性成因的进化时间学说、生态时间学说、空间异质性学说、气候稳定学说、竞争学说、捕食学说、生产力学说等。

作者对山东省兖州煤田太平采煤塌陷区新生湿地进行了研究，结合该区域塌陷情况、生物多样性状况及与之相关的环境因子，提出采煤塌陷区新生湿地生物多样性形成和维持机制，包括以下几个方面。

1. 自然传播机制

山东省兖州煤田太平采煤塌陷区形成新生湿地后，湿地植物的出现、发育、群落形成以及与湿地相关的鱼类、水鸟的出现，既有来自借助自然之力传播的植物繁殖体（种子、根茎、块茎、鳞茎等）和动物（如鱼类、水生昆虫等），也有来自塌陷区原土壤中的种子库的作用；另外也有部分来自人类的有意和无意传播。太平采煤塌陷区邻近泗河和微山湖，该区域过去曾经是黄泛区，邻近泗河的地带是过去的河流泛滥区域，因此土壤中保留了曾经的湿地植物繁殖体，成为重要的湿地植物种子库。对山东邹城太平国家湿地公园的调查表明，2014 年 8 月位于北边的农田（玉米田）开始塌陷，地表变形后，形成局部十几平方米、水深十余厘米的小水洼；到 2014 年 10 月下旬，在北边发现下沉形成水洼的区域已经扩展到上百平方米，从已经收割的玉米田中冒出了很多芦苇幼苗（非人工栽种），显示了土壤种子库的巨大魔力。由于邻近泗河及微山湖，依靠风力、水流、鸟类和昆虫的携带，大量湿地植物繁殖体进入塌陷区，由于地表下沉积水，湿地植物得以定植、萌发，随着湿地的进一步发育，湿地植物群落建构完成。调查发现，除了风力、水流的携带传播外，进入塌陷区新生湿地内的黑水鸡、凤头鸊鷉等水鸟成为湿地植物繁殖体传播的重要媒介。

2. 多点非均匀塌陷-地形异质性假说

兖州煤田太平采煤塌陷区的地表塌陷发生于不同的年代，这是因为地下开采的时空布局差异，由于采空完成的时间不同，因此地表塌陷先后不一；即使在同一年代开始塌陷，也因为地质条件、土壤性质和地表形态差异，导致塌陷不均一。发生于不同年代的多点、非均匀塌陷，极大地增加了地表异质性。按照生物多样性的空间异质性学说，物理环境越复杂或空间异质性越高，动植物群落的复杂性也越高，物种多样性也越大，如山区物种多样性明显高于平原；群落中小生境越丰富多样，物种多样性越高。多点非均匀塌陷-地形异质性假说能够较好地解释邹城市太平采煤塌陷区新生湿地比邻近尚未塌陷的农田区生物多样性更丰富的成因。即使在同一条河流——泗河，也因不均一塌陷，导致研究区域内泗河河流水下地形的差异，从而形成不同的湿地植物群落及景观外貌，形成生物多样性丰富的热点区。

3. 水位-地形复合格局假说

水生植物的分布与水位变化有密切关系，沉水植物、浮叶根生植物、小型挺水植物、大型挺水植物对水深要求不一样。兖州煤田太平采煤塌陷区的地表塌陷发生于不同的年代，地表塌陷的先后不一，在山东邹城太平国家湿地公园内邻近泗河的大湖是塌陷接近30年的区域，而在北部的区域则镶嵌分布着塌陷15年、10年、5年及近期刚开始地表变形的浅塌陷区。这些不同水深的湿地，为各种生活型的水生植物提供了适合的生存空间。即使在同一塌陷年代的区域，也由于各种因素处在不均匀塌陷状态。加上季节性的丰水期和枯水期的交替，使得水位变化有利于湿地动植物的生存和繁衍。因此，水位深浅的时空差异和丰富的地形变化的综合作用，形成了采煤塌陷区新生湿地生物多样性形成和维持的水位-地形复合格局机制。

4. 聚集分布与小尺度多物种协同作用机制

Atkinson 等（1991）通过模型研究了短命资源斑块上强竞争物种和弱竞争物种的共存现象，发现共存持久性随聚集强度的增大而递增，直至在较高聚集水平时共存成为必然结果。Brown（1982）对季节性池塘中 2 种蜗牛进行了研究，表明物种聚集分布对共存有促进作用。在任何一个生境中，一个物种个体总是更多地与相邻个体发生相互作用。Sivertow（1987）认为聚集分布促进了植物种的共存，植物种子散布具有明显的空间局限性，由此造成植物种围绕母株呈聚集分布。杨利民（2001）对东北羊草杂类草甸群落的局部相对均质性生境中的物种生态位、花期分布、种间协变和种群分布格局进行了研究。结果表明，物种在生态位和花期上的分化不明显，而种间协变和种群分布格局的研究结果表明物种的小尺度聚集分布可能是群落物种多样性维持的重要机制。

在兖州煤田太平采煤塌陷区形成的新生湿地中，不均匀塌陷形成的大量小斑块聚集分布非常明显。在挺水植物聚集的小型生境斑块中，集中分布有芦苇、香蒲、藨草等挺水植物，同时在浅水底有菹草、穗花狐尾藻、金鱼藻等沉水植物分布。这些水生植物多以无性繁殖方式延续种群，多物种的无性繁殖有利于小尺度聚集分布。在这种小尺度聚集分布形成的斑块状水生植物生境中，栖息着凤头䴙䴘和黑水鸡等水鸟。凤头䴙䴘以鱼类为食，繁殖时期以菹草等水草做浮性巢，这些水草必须依赖于挺水植物茎秆的支持才能搭建形成浮巢。黑水鸡以水草、小鱼虾、水生昆虫等为食。凤头䴙䴘、黑水鸡都是水生植物繁殖体的重要传播媒介，其活动范围及传播进一步促进了小尺度的聚集分布与多物种协同作用，这是采煤塌陷区新生湿地生物多样性形成和维持的重要机制。

第七章　采煤塌陷区新生湿地生物多样性保育

第一节　采煤塌陷区新生湿地生物多样性保护目标

一、总体目标

通过采煤塌陷区新生湿地生物多样性保护管理体制的建立与完善，利益相关方的联系、沟通和互动，全社会的广泛参与，现代科学技术的应用，保护采煤塌陷区新生湿地生态系统完整性、生物物种及其栖息环境的多样性，维持塌陷区新生湿地结构完整性、功能稳定性和丰富的生物多样性。通过发展湿地农业、湿地生态旅游等，使采煤塌陷区新生湿地生物物种资源得到可持续利用、惠益得以共享；使采煤塌陷区新生湿地生物多样性保护的决策和执行能力满足保护需求；实现采煤塌陷区新生湿地生物多样性保护行动的主流化，提升保护的能力和效果，真正将其融入塌陷区地方社会经济发展和政府日常管理中去，使塌陷区生态安全得到有效保障，实现生物多样性保护和社会经济的协调发展。

二、具体目标和策略

通过对邹城市兖州煤田采煤塌陷区新生湿地生物多样性保护所存在的问题进行分析，并结合其保护和利用需求，提出以下具体目标和策略。

1. 具体目标 1

（1）目标。摸清采煤塌陷区新生湿地生物多样性本底，建立监测和评估体系，使监测和评估工作常态化。

（2）策略。以重点详查和普查相结合的方式，进一步查明采煤塌陷区新生湿地生物多样性本底；建立采煤塌陷区新生湿地生物多样性数据库标准体系，编制并完善采煤塌陷区新生湿地物种名录和数据库，实现采煤塌陷区新生湿地生物多样性保护与管理的数据化和信息共享；建立采煤塌陷区新生湿地生物多样性监测和预警网络体系，开展生物多样性定期监测；建立与采煤塌陷区新生湿地生物多样性管理目标相适应的综合评估体系，评估采煤塌陷区新生湿地生物多样性现状及变化趋势，促进生物多样性综合评估的常态化。

2. 具体目标 2

（1）目标。建立并实施采煤塌陷区新生湿地生物多样性保护与可持续利用政策、法规和制度体系，建立生态补偿机制，并形成在确保采煤塌陷区新生湿地生物多样性保护的前提下，对有条件进行产业化与市场开发的采煤塌陷区新生湿地生物物种资源制定规范管理的政策法规保障体系。

（2）策略。出台一系列与采煤塌陷区新生湿地生物多样性保护相关的法律法规，制定配套实施细则和政策措施，完善相关的政策法规保障体系；加强采煤塌陷区新生湿地生物多样性政策研究，针对不同塌陷区域、不同生物资源特点，确立完善的生态补偿机制；在确保塌陷区当地居民利益并尊重当地居民自主决定权的基础上，建立将部分生态转移支付资金与相关生态资源产业化及市场开发相联系的渠道，在确保实现采煤塌陷区新生湿地生物多样性有效保护的前提下，促进相关资源的开发利用以及区域经济的可持续发展。

3. 具体目标 3

（1）目标。建立采煤塌陷区新生湿地生物多样性保护的综合管理体系，采煤塌陷区新生湿地生物多样性保护在政府、企业相关规划和考核指标体系中得到体现，并呈主流化趋势。

（2）策略。将采煤塌陷区新生湿地生物多样性纳入塌陷区地方政府和相关企业的发展规划以及各部门的相关规划中，并采取有效手段监督其实施；制定、完善采煤塌陷区新生湿地生物多样性考核指标体系，建立生物多样性监测评估系统，根据监测评估结果开展塌陷区地方政府主要党政领导的政绩考核；优化塌陷区地方政府部门生物多样性保护职责划分，建立有效的纵横向协调机制，建立起采煤塌陷区新生湿地生物多样性保护综合管理体系。

4. 具体目标 4

（1）目标。建立并完善塌陷区外来入侵物种和生物安全管理制度，建立塌陷区外来入侵物种监测预警体系，外来入侵物种得到有效控制。

（2）策略。开展塌陷区外来入侵物种的监测和评价，建立塌陷区外来有害生物信息平台，建立外来种环境风险评估制度；开展塌陷区外来入侵物种预警研究及监测预警体系建设，强化应急响应和处置机构的能力，控制外来入侵物种的危害和扩散；开展对塌陷区外来有害物种的生物防治技术与方法的研究，加强塌陷区外来入侵生物的综合防治。

5. 具体目标5

（1）目标。采煤塌陷区新生湿地生物多样性可持续利用得到保障，相关技术得到应用推广。

（2）策略。在有效保护的前提下，采煤塌陷区新生湿地生物资源的开发活动得到规范化管理，开发一系列可持续利用采煤塌陷区新生湿地各类物种资源的先进技术，推进采煤塌陷区新生湿地物种资源的可持续利用；加强采煤塌陷区新生湿地生物多样性可持续利用技术的推广，各有关部门和企业应把采煤塌陷区新生湿地生物多样性保护和可持续利用技术列入本部门和本企业科技工作计划，加强组织管理，积极促进技术推广。

6. 具体目标6

（1）目标。全面建立采煤塌陷区新生湿地生物多样性的宣传与教育体系，相关人才培养机制得到进一步完善，相关教育资源得到进一步丰富；搭建方便公众参与的平台，使公众参与渠道得以畅通。

（2）策略。加强采煤塌陷区新生湿地生物多样性保护与利用的宣传教育，整合地方政府和企业的宣传和教育资源，建立宣传教育网络；加强生物多样性保护的人才培养，加强相关管理人员的能力建设与培训；建立公众参与采煤塌陷区新生湿地生物多样性保护的长效机制，利益相关方和公众意见在塌陷区新生湿地生物多样性保护和管理决策中得到体现；建立利益相关方共同参与的生物多样性伙伴关系，引导国内外利益相关方参与采煤塌陷区新生湿地生物多样性保护项目的实施；以合作机制为桥梁，以合作项目为平台，积极开展采煤塌陷区新生湿地的国际合作。

第二节　采煤塌陷区新生湿地生物多样性保护主要途径

一、湿地植物多样性保护对策

根据对兖州煤田太平采煤区的野生维管植物群落结构组成及物种多样性的调查分析表明，湿生生境下的植物群落由于地形变化复杂，在湿地边缘局部范围内可迅速从水湿环境过渡到中生环境甚至干旱环境，为适应不同水分环境条件下的物种生存提供了可能，因此湿地植物物种组成较丰富。而农作物群落与废弃地陆生杂草群落物种多样性较低。

在群落相似性方面，由于农作物群落和废弃地陆生杂草群落主要分布在区域内的中生环境，受人为干扰较严重，因此群落物种组成上不仅相似性高，且主要由常见的杂草组成，保护价值较低，而湿生环境下的植物群落种物种组成既包括农作物群落中的杂草，也包括陆生环境内物种，更有湿生环境下特有的植物种类，既有常见的物种，也有一些较珍贵的稀有种类，如芦苇（*Phragmites australis*）、狭叶香蒲（*Typha angustifolia*）、野大豆（*Glycine soja*）、扁秆藨草（*Scirpus planiculmis*）、水葱（*Scirpus validus*）等，不仅是湿地生境的主要组成，也有重要的经济价值，更是湿地内水鸟栖息、停留的重要环境要素，具有重要的生态及经济意义。

根据上述分析，对于采煤塌陷区新生湿地植物多样性的保护，首先要重视对湿地植物群落的保护。必须重视对湿地景观的保护，维持湿地的生态过程，确保湿地植被的发育。在管理中，需要加强两方面：①对各种开发的管理，限制开发对湿地植被的破坏，保护新生湿地物种多样性；②湿地水体是形成湿地环境的重要因素，需要加强对湿地水体的管理，维护湿地水体的长期稳定才能确保湿地植被的稳定存在。目前，采煤塌陷区新生湿地附近面临大面积复垦、渔业养殖、采挖砂石等开发利用的影响，对湿地的正常发育造成了极显著的负面影响，在今后的管理中需引起重视。

山东兖州煤田太平采煤区属于典型的采煤塌陷区新生湿地，是矿区主要的生态基础，具有涵养水源、净化水质、维护湿地生物多样性和调节局域气候等重要生态系统服务功能。而在这其中，湿地植物及多样性的保护最具必要性，因此对湿地植物资源应坚持保护为主，主要的保护措施如下。

（1）建立完善的湿地植被保护管理体系，建立健全管理规章制度，组织实施相应的与湿地保护和合理利用有关的工作，协调各部门相关工作，将湿地植被保护范围落实到空间。

（2）有效保护好现有湿地，避免过度人为改造、填埋、毁坏湿地的行为。

（3）将现有中鲍店村塌陷区划定为水生植物物种资源库，建立湿地植物研究基地，为湿地植被的保护提供技术指导。积极开展湿地植被保护管理人员的培训工作，提高各层次管理人员的技能。同时，加强各部门间湿地植被保护管理人员的培训交流工作。

（4）加强外来物种防治。在塌陷区进行生态恢复时，禁止引入外来物种，尤其是外来入侵物种。同时对现在分布的各种外来物种进行编目，调查、了解其分布的空间格局，尤其是对现有的外来入侵物种，要详细了解其种类、数量、空间格局及繁殖策略等。最终做到有效防治公园范围内的外来入侵物种，以保证湿地公园内的植物物种多样性。

（5）保护塌陷区内典型的湿地植物群落。一是保护以狭叶香蒲、扁秆藨草为主的湿地植物群落，保证其种群的正常繁衍、生存，为鱼类等水生生物提供良好的生境和水质净化能力；二是尽量恢复目前处于衰败期的竹叶眼子菜群落，禁止在湿地公园水体内施撒除草剂及清洗施撒除草剂的器具；三是保护好湿地公园内的少量野大豆群落；四是对公园范围内的湿地植物群落进行系统普查，建立档案，每季度对公园内湿地植物的种类、数量及空间分布进行调查，以掌握其变化趋势。

（6）为提高全社会对湿地植物的保护意识，建议开展多种形式的宣传教育活动，大力宣传湿地的功能效益和湿地保护的重要意义，利用"世界湿地日"等时机，积极组织开展宣传活动，编写宣传保护湿地的书籍、画册，以收到良好的宣传教育效果，提高全民的湿地植被保护意识。

（7）多层次、多渠道筹措湿地植物资源保护资金。积极向各级政府申请专项资金，鼓励社会各类投资主体向湿地植物资源保护投资，建立全社会参与湿地保护的投入机制。

（8）开展长期湿地植物资源、植被的调查、评价和监测工作，掌握其变化动态，为湿地植被的保护提供科学依据。

二、鸟类生境及多样性保护对策

（一）原则

山东邹城太平国家湿地公园采煤塌陷区新生湿地水鸟资源丰富，是湿地公园生物多样性的重要组成部分。在对湿地公园进行生态修复与合理开发利用时，应重点加强湿地公园现存水鸟生境的保护，以维护湿地生态系统的完整性和为野生鸟类的生存、繁衍创造条件。根据山东邹城太平国家湿地公园的具体情况，鸟类生境保护和优化原则如下。

保证水鸟生境的完整性和塌陷水域范围内地势低洼区域的湿地发育。采煤塌陷区新生湿地在形成过程中，地表不断下沉，但地下结构的不均一性导致其在塌陷过程中呈现不均一性，主要表现为塌陷深度不一致，形成湿地后水位深浅不一。在塌陷范围内逐渐积水，因此除形成较大面积塌陷水域外，在塌陷水域周边或外围还形成了较多洼地水塘，它们的存在为众多湿地植物的生长发育提供了良好条件，同时也为湿地水鸟提供了独特的栖息生境，既增加了湿地面积，丰富了湿地景观，又极大地提高了鸟类多样性，因此它们的保护对于以鸟类为主的生物多样性保护和提高具有重要意义。在实地调查中我们发现，每个大面积塌陷水域周边或多或少都分布有洼地水塘的小生境结构，它们是塌陷湿地的一部分，有生物洼地的生态功能，是湿地生态系统中不可或缺的一部分，也是水鸟生境的主要组成部分，因此在进行湿地多样性保护及开发利用时需要保证水鸟生境的完整性。

重视突起地形，保留岛状地形，形成不同植被的镶嵌，进而使鸟类筑巢机会增多；而水域中的孤立岛状地形由于繁殖期人类干扰的隔离，更有利于鸟类筑巢、产卵、孵化，因此通过地形的起伏、隔离、植被的变化可以增加水鸟种类及数量。塌陷水域内存在着众多鸟类生活的特殊生境，其中以岛屿为重要代表，此外还有塌陷水域中丛生的斑块状挺水植物群落，都是鸟类生境的重要组成部分。

（二）鸟类生境优化内容

生境优化的前提在于对目前湿地公园鸟类生境的认识。通过实地调查发现，湿地公园鸟类组成中主要以水鸟为主，且主要为水鸟中雁鸭类、秧鸡类游禽及鹭类、鸻鹬类涉禽。从鸟类组成中可以看到，水域生境是湿地公园内鸟类生存的重要生境。分析表明，水域生境中对鸟类的主要影响因素有水域生境面积、水域生境中湿地植物的发育情况、水域生境中滩涂的分布与面积大小、水域生境中湿地植物的分布状况等。其中，水域生境面积大小直接决定了水域生境对鸟类的承载力大小。对于山东邹城太平国家湿地公园，一般水域面积越大，其人为干扰越小，湿地植物发育较好，鸟类种类越丰富，尤其是对于雁鸭类、秧鸡类尤为明显。例如，山东邹城太平国家湿地公园内斑嘴鸭及豆雁仅分布于 1998 年及 1999 年塌陷等大面积塌陷水域，此外，鸊鷉目小鸊鷉及凤头鸊鷉因其需潜水捕食鱼类，大面积水域中较小的人为干扰保证了其正常的生存。

水域生境中湿地植物的发育情况对湿地鸟类多样性的保护与丰富具有重要作用。原因在于湿地植物为湿地鸟类提供了充足的食物来源及安全的栖息庇护场所，大部分水鸟的活动集中于挺水植物附近，在遭遇人为干扰时即进入其中躲避，此外，大部分湿地鸟类取食湿地植物嫩叶、嫩芽及依附于其上的昆虫，它们的存在及发育情况对湿地鸟类多样性具有直接影响。

水域生境中滩涂往往位于湿地中水陆交替地带，很多时候就是塌陷水域的外围。水域生境中是否有滩涂发育及发育状况，将直接影响湿地鸟类中涉禽的种类与分布。水域生境中有滩涂存在，鹭科及丘鹬科鸟类的种类及数量必将高于没有发育滩涂生境的水域。除此之外，滩涂的面积大小与分布也对鸟类有重要影响。在进行生境优化的时候，这些都是需要考虑的因素。

因此在进行以鸟类为主体的生物多样性保育时，更重要的往往是对目前湿地生态系统内鸟类生境的认识以及目前一些重要鸟类生境的保护，然后才是针对鸟类进行人工设计上的优化，如根据其繁殖时筑巢需要，在水域中投放浮床、水域面积大小的保留、湿地植物的保护、湿地植物种类配置、水域生境中滩涂生境的塑造等，只有在充分认识的基础上才能实行有目的的科学优化。

第三节　行动计划和优先项目

一、行动一：开展采煤塌陷区新生湿地生物多样性调查、评估与监测

1. 优先项目 1：采煤塌陷区新生湿地生物物种资源详查及编目

完成采煤塌陷区新生湿地生物物种资源详查和编目。制定塌陷区新生湿地物种资源持续调查编目的长期计划，制定物种资源定期调查和数据更新策略，建立和完善塌陷区新生湿地生物物种资源定期调查制度。在全面详查和普查的基础上，开展塌陷区新生湿地动植物区系的系统编目，建立并完善塌陷区新生湿地生物物种资源数据库。

2. 优先项目 2：采煤塌陷区新生湿地生物多样性综合评估

生物多样性评估是加强生物多样性保护与管理的基础工作，为实现生物多样性管理目标，必须开展生物多样性综合评估。对采煤塌陷区新生湿地生物多样性现状、面临的主要威胁及管理效果进行系统评估，在此基础上确定重要生态功能区、需优先保护的生物多样性重点区域及完善管理的方向，为采煤塌陷区新生湿地生物多样性综合管理提供决策参考。具体任务包括：①建立与采煤塌陷区新生湿地生物多样性管理目标相适应的生物多样性评估指标和综合评估体系；②收集采煤塌陷区新生湿地动植物物种丰富度、生态系统类型多样性、物种特有性、外来物种入侵度、物种受威胁程度等指标数据；③整合、集成不同来源、不同时段包括生态系统、物种、遗传资源、土地利用、经济社会等各方面的数据与信息，对采煤塌陷区新生湿地生物多样性现状、演变趋势进行系统评估；④促进采煤塌陷区新生湿地生物多样性综合评估的常态化，并就如何有效保护提出系列建议和策略。

3. 优先项目 3：建立采煤塌陷区新生湿地生物多样性监测、预警体系和信息网络

协调和建立采煤塌陷区新生湿地生物物种资源数据库和信息系统，构建生

物多样性信息共享平台,为生物多样性管理提供决策依据。通过监测的规范化、部门合作及信息共享,在采煤塌陷区新生湿地建成一个多层次、多类型的生态监测网络。建立采煤塌陷区新生湿地生物多样性监测指标体系、监测体系,完善基础设施,建立长期定位监测站和网点,开展采煤塌陷区新生湿地生物多样性长期监测。具体任务包括:①确定采煤塌陷区新生湿地生物多样性监测技术标准体系,推进生物多样性监测工作的标准化和规范化。②通过监测设施和设备的建设、专业技术人员的培养和监测功能的完善,建成多层次、多类型的采煤塌陷区新生湿地生态监测体系,实现对采煤塌陷区新生湿地生物多样性的长期动态监测。③建立集物种资源分布展示、生态系统健康状况监控、信息传输、数据分析、业务管理、资源共享、信息发布等为一体的信息综合应用平台;实现监测数据和信息的共享和有效利用。④建立采煤塌陷区新生湿地生态系统监测体系,建设地面监测系统、卫星遥感监测系统、湿地生态环境监测分析实验室,配备监测设施、设备,培养专业技术人员,及时、准确掌握采煤塌陷区新生湿地生物多样性的动态变化,定期提供湿地动态监测数据与监测报告。⑤建立采煤塌陷区新生湿地生物多样性预警技术体系和应急响应机制,建设生物多样性综合预警系统,通过预警系统分析未来生物多样性变化规律,提供采煤塌陷区新生湿地生物多样性管理决策的科学依据。

二、行动二:加强濒危特有物种及关键生态系统的保护和恢复

1. 优先项目1:采煤塌陷区新生湿地濒危特有动植物保护工程

针对采煤塌陷区新生湿地濒危特有野生动植物保护需求,开展原生境保护,使濒危特有野生动植物种群得以恢复,野生生境得到有效保护。

2. 优先项目2:采煤塌陷区新生湿地生态系统保护与生态修复

以保护采煤塌陷区新生湿地及其生物资源为目标,加强采煤塌陷区新生湿地生态系统保护,实施采煤塌陷区新生湿地生态修复工程,为国内外采煤塌陷区新生湿地生物多样性保护和生态恢复提供样板。积极开展采煤塌陷区新生湿地生物多样性动态监测和科学研究,筛选适应采煤塌陷区新生湿地环境的本土植物种类,开展采煤塌陷区新生湿地生态重建模式研究;在保护的前提下,适度开展采煤塌陷区新生湿地资源合理利用,如湿地农业、湿地苗木产业、湿地

生态旅游等；加强采煤塌陷区新生湿地生境及湿地鸟类资源保护，进行湿地生境恢复，营造有利于湿地鸟类生存的生境。

3. 优先项目 3：采煤塌陷区新生湿地可持续发展示范工程

借鉴国内外生态保护与可持续利用的经验，积极促进采煤塌陷区内的生计改善与新生湿地生物多样性保护；通过试点示范，探索采煤塌陷区生计改善和生物多样性保护双赢的途径和经验。针对社区实际需求，开展采煤塌陷区及周边社区可持续发展示范工程，开展多种经营等有利于采煤塌陷区新生湿地可持续发展和生物多样性保护的示范项目。

三、行动三：建立采煤塌陷区新生湿地生物多样性保护的政策法规和机制

1. 优先项目 1：制定促进采煤塌陷区新生湿地生物多样性保护的生态补偿机制

涉及采煤塌陷区新生湿地生物资源开发和利用的单位及部门至少包括了林业、农业、水利、旅游及相关企业等，但目前尚未建立起规范的促进采煤塌陷区新生湿地生物多样性保护的补偿机制。通过建立有效促进采煤塌陷区新生湿地生物多样性保护的生态补偿机制及制度，解决生态补偿资金的来源、财政转移支付制度和专项基金制度的应用等。

2. 优先项目 2：建立采煤塌陷区新生湿地生物多样性保护及利用的法规体系

逐步建立较完善的采煤塌陷区新生湿地生物多样性保护和可持续利用的法律法规体系，通过依法管理、强化执法、加强监管，使生物多样性保护与可持续利用走上法制化轨道。梳理现有法规中有关生物多样性保护的内容，调整各法规之间的冲突和不一致内容，并进一步理顺与完善生态补偿机制领域的相关法规、条例，建立、健全采煤塌陷区新生湿地生物多样性保护的地方法规；在土地利用规划中考虑采煤塌陷区新生湿地生物多样性因素，将生物多样性保护的要求落实到土地利用规划中。制定公众参与的采煤塌陷区新生湿地生物多样性保护执法监督机制，使公众能够参与相关决策过程，以有效的方式和途径监督相关法规和制度的实施。

四、行动四：建立采煤塌陷区新生湿地生物多样性保护综合管理体系

1. 优先项目 1：实现采煤塌陷区新生湿地生物多样性保护主流化

将采煤塌陷区新生湿地生物多样性保护纳入地方社会经济发展规划、投资决策和政绩考核中，实现采煤塌陷区新生湿地生物多样性保护的主流化。综合分析采煤塌陷区新生湿地生物多样性保护与社会经济发展形势等，制定采煤塌陷区新生湿地生物多样性保护行动计划，并将计划的实施纳入党政机关一把手的政绩考核中。

2. 优先项目 2：建立采煤塌陷区新生湿地生物多样性管理的纵横向协调机制

长期以来，各个部门在行政决策方面沟通不够，在统一协调采煤塌陷区新生湿地生物多样性保护方面能力不足。应该使与采煤塌陷区新生湿地生物多样性保护管理有关的部门的横向协作得到加强，建立并完善采煤塌陷区新生湿地生物多样性管理的纵横向协调机制，建立并加强采煤塌陷区新生湿地新型的垂直机构合作机制和可推广的生物多样性横向管理机制。建立"纵向一体化"协调机制，建立功能跨部门的实体——采煤塌陷区新生湿地生物多样性管理机构；理顺采煤塌陷区新生湿地相关生物多样性管理部门的职责，确保不同的政府部门协同工作。

五、行动五：加强外来种入侵的预警、应急与防治

优先项目：外来入侵物种监测、预警及控制

建立采煤塌陷区新生湿地外来物种环境风险评估制度，完善监测制度和监测设施；建立外来物种入侵预警报告体系和控制技术体系，预防外来入侵物种的危害和扩散；建立外来物种生物防治技术方法及综合治理技术体系，控制外来入侵物种的危害和扩散。开展采煤塌陷区新生湿地外来入侵物种的系统调查，全面查明入侵物种信息，收集有害或潜在有害的入侵物种的生物学及生态学特征、原产地、入侵分布地、生态、传播途径等相关内容；进行采煤塌陷区新生湿地外来入侵物种编目，建立外来生物入侵的数据库和信息系统；建立采

煤塌陷区新生湿地外来入侵生物监测中心,完善对现有潜在和危险性入侵物种的监测技术方法,实施对监测对象的长期监测;建立预警机制和应急防治系统,根据生物入侵规律,制定控制生物入侵的管理目标,有效防治外来种入侵和危害;加强对外来入侵生物的综合防治研究,强化对外来有害物种的生物防治基础、技术与方法的研究,形成外来入侵物种防治技术方法及综合治理技术体系。

六、行动六: 促进生物多样性的可持续利用

优先项目:采煤塌陷区新生湿地生物多样性可持续利用示范

结合采煤塌陷区新生湿地恢复及综合利用,充分利用本土动植物资源,将生物多样性保护与采煤塌陷区新生湿地恢复及景观建设有机结合。建设结构和类型多样的采煤塌陷区新生湿地生态空间体系,使之成为生物多样性的重要保护基地,充分利用丰富的动植物资源,多种经营、复合发展,在采煤塌陷区形成各具特色的湿地生物多样性产业。

七、行动七: 采煤塌陷区新生湿地生物多样性保护的宣传、教育和人才培养

优先项目:加强采煤塌陷区新生湿地生物多样性保护的宣传、教育与培训

提升全社会对采煤塌陷区新生湿地生物多样性保护重大意义的认识和保护意识,增进其相关知识和技能的提高,培养有利于采煤塌陷区新生湿地生物多样性保护的相应态度、行为和方式,使广大民众有能力自觉参与到采煤塌陷区新生湿地生物多样保护事业中来;加强采煤塌陷区新生湿地生物多样性保护人才培养。利用广播、电视、报纸、网络等主流媒体,进行采煤塌陷区新生湿地生物多样性基本知识和保护重要性的宣传。为社区居民举办有关采煤塌陷区新生湿地生物多样性保护和科普知识的培训班,普及全民生物多样性保护知识,提高保护意识。开发采煤塌陷区新生湿地生物多样性保护的宣传、教育教学与培训资源,举办关于采煤塌陷区新生湿地生物多样性保护的专题讲座,以提高公众保护意识。

第八章　采煤塌陷区新生湿地生物多样性可持续管理

第一节　采煤塌陷区新生湿地生物多样性管理主流化

　　1992 年，联合国环境与发展大会签署了《生物多样性公约》，该公约第 6 款提出了"主流化"原则。2000 年，《生物多样性公约》缔约方大会明确提出将生物多样性保护纳入各国各部门的工作中，并指出："在过去 10 年中，我们所汲取的最重要的教训是，如果不将生物多样性保护充分纳入其他部门的工作中，《生物多样性公约》的目标就无法实现"。让生物资源的保护与可持续利用成为各国经济和社会各部门以及决策框架的主流工作，将是一个严峻的挑战。

　　生物多样性是人类赖以生存和发展的物质基础。不断加剧的人类活动，致使生物多样性受到严重威胁，引起国际社会的广泛关注。生物多样性保护必须实现主流化，与社会经济可持续发展紧密结合，否则很难奏效。2015 年 9 月 11 日，中共中央政治局审议通过了《生态文明体制改革总体方案》，提出"以正确处理人与自然关系为核心，以解决生态环境领域突出问题为导向，保障国家生态安全，改善环境质量，提高资源利用效率，推动形成人与自然和谐发展的现代化建设新格局"。联合国可持续发展峰会于 2015 年 9 月 27 日通过的 2015 年后联合国可持续发展目标（Sustainable Development Goals，SDGs），是全球 2016～2030 年社会经济发展的纲领性文件。该发展目标包括 17 个具体目标，其中目标 15 为可持续管理森林、防治荒漠化、阻止土地退化并恢复退化的土地、完全控制生物多样性丧失态势。诸上种种，在全球、区域和国家水平上为生物多样性保护的主流化提供了政策与政治基础。

湿地生物多样性保护主流化是一个过程、一种理念、一种机制,即要求运用生态学的原理和方法打破以往的条块、政出多门的局限,以提高政府与公众对湿地生物多样性保护的认识为基础,将湿地生物多样性保护目标纳入各级政府的议事日程,有效地综合、协调相关部门的发展目标,实现湿地生物多样性的保护与可持续利用。在全球层面上,迫切需要将湿地保护纳入全球环境与发展的磋商进程中,将其与生物多样性公约的合作模式推广到与其他多边协议的合作中,在全球、国家、地区和社区各层次推动其主流化进程。在国家层面上,各国政府在湿地保护主流化过程中应采用谨慎利用原则,采取包括发展政策、立法、规划、财政与税收、经济激励政策以及能力建设、研究、技术开发等措施和机制,激励当地社区在湿地生物多样性保护中发挥作用。因此,为实现湿地生物多样性保护的主流化,就是要促使对湿地可能产生影响的政府部门、企业、社会团体和个人在决策、规划日常行动时充分考虑湿地生物多样性保护因素,并采取有效措施对湿地生物多样性进行切实保护。

采煤塌陷区新生湿地及其丰富的生物多样性是宝贵的资源,是采煤塌陷区绿色发展的重要基础,因此地方政府、各级湿地管理部门和机构应加大对采煤塌陷区新生湿地生态系统功能与服务的宣传、教育、研究的投入力度,让全社会认识到采煤塌陷区新生湿地生态系统在塌陷区经济社会可持续发展中的关键作用,使采煤塌陷区新生湿地保护与可持续利用原则充分体现在各层次的社会、经济发展政策和规划的制定与实施过程中,恢复采煤塌陷区新生湿地生态系统功能、服务,满足经济社会发展对采煤塌陷区新生湿地的需求。采煤塌陷区新生湿地生物多样性保护主流化主要手段包括政策支持、机构建设、立法框架、规划与计划、能力建设、科技支撑、公众参与、宣传教育等。

要实现对采煤塌陷区新生湿地生物多样性保护的主流化,就必须建立跨部门协调机制,加强相关部门在湿地生物多样性保护与合理利用方面的合作。建立纵横向一体化的协调机制。改变在湿地生物多样性保护方面多年来"九龙治水，各行其是"的局面，建立纵横向一体化的湿地生物多样性管理机制。"纵向到底"即从中央到地方，在采煤塌陷区新生湿地生物多样性保护大方向上始终保持一致；"横向到边"即各相关职能部门在采煤塌陷区新生湿地生物多样性保护对策的实施上，既各司其职又综合协调，形成保护与可持续利用的合力。

将采煤塌陷区新生湿地生物多样性保护纳入相关部门的目标考核中。政府推动将采煤塌陷区新生湿地生物多样性保护纳入政府及相关部门工作计划，要求相关部门充分认识湿地生物多样性保护纳入相关部门工作计划和目标考评的重要性。制定量化考核指标，结合相关部门承担的湿地保护责任，制定湿地目标考评指标，并征求相关部门意见。

采取多种方式，促进采煤塌陷区新生湿地生物多样性数据信息交流共享。完成采煤塌陷区新生湿地生物多样性信息系统建设，以采煤塌陷区新生湿地生物多样性调查数据为基础，包括新生湿地分布、湿地类型、湿地动植物物种、湿地生境、湿地生态系统，实现查询、统计等功能。

创新采煤塌陷区新生湿地生物多样性保护的观念理念，牢固树立"山、水、林、田、湖、草"生命共同体理念，从系统的角度保护采煤塌陷区新生湿地生物多样性。

提升采煤塌陷区新生湿地生物多样性保护的技术支撑能力。尽快形成一系列生态技术响应对策体系，启动一批采煤塌陷区新生湿地生物多样性保护与可持续利用工程，包括重要生态功能区的湿地生物多样性保护与恢复工程、湿地生物多样性的生态友好型利用工程等。

第二节　采煤塌陷区新生湿地生物多样性可持续利用

一、基于生物多样性保护的湿地生态产业

过去相当长一段时间，人们对采煤塌陷地的认识总是对其负面的影响看得重一些，认为采煤塌陷地的形成会带来一系列危害，也在积极探讨采煤塌陷地的综合治理措施，如进行土地复垦，或者利用塌陷坑塘进行水产

养殖。事实上，调查发现，兖州煤田采煤塌陷一旦形成，很快发育为湿地。调查研究发现，在塌陷形成新生湿地后，一年生和多年生宿根性的湿地植物很快覆盖了采煤塌陷地区域，其中不乏具有经济价值的植物，如菱角、茭白、荸荠、香蒲等，而这些湿地植物既具有极强的环境净化功能、景观价值，又具有较大的经济价值，是国内目前应用较多的湿地经济植物。因此，不能只看到采煤塌陷地可能产生的一些环境灾害问题，更应该看到采煤塌陷区新生湿地形成带来的生态机遇，这些湿地将提供很好的植物天然种源，丰富动植物多样性，对采煤塌陷地的保护和利用可以和湿地农业、湿地花卉苗木、湿地产品加工利用、湿地生态旅游业等结合起来。

采煤塌陷区新生湿地是自然资源、自然资产，更是生产要素。利用采煤塌陷地原有土壤自身丰富的营养成分，栽种湿地经济植物，养殖湿地经济动物，既发挥湿地的环境服务功能，同时又能产生经济效益，优化采煤塌陷区新生湿地生态系统的服务功能。

针对采煤塌陷区新生湿地资源现状及发展需求，作者提出了应对塌陷区域生计需求的产业策略。充分利用采煤塌陷区新生湿地给我们带来的生态机遇，将采煤塌陷区新生湿地生物多样性保护和利用与湿地农业生产、湿地花卉苗木、湿地产品加工利用、湿地生态旅游业结合起来，设计独具特色的采煤塌陷区"湿地产业景观系统"。融产业于景观设计和建设中，根据山东邹城太平国家湿地公园的现状，结合采煤塌陷区新生湿地生态环境及资源特点，设计并建设融多功能湿地农业于景观系统的产业型景观系统（产品型湿地农业、品种资源型湿地农业、观光型湿地农业、环保型湿地农业、鱼菜共生景观系统）。

以采煤塌陷区新生湿地生物多样性保护为基础，提出采煤塌陷区新生湿地资源可持续利用的框架——"采煤塌陷区新生湿地生态产业"（图8-1），建设"华北平原采煤塌陷区新生湿地生态经济试验示范区"，就是山东邹城太平国家湿地公园采煤塌陷区新生湿地生态产业的发展目标。

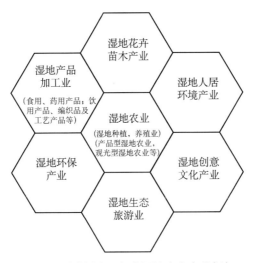

图 8-1　采煤塌陷区新生湿地生态产业框架

二、采煤塌陷区新生湿地多功能农业

针对采煤塌陷区新生湿地面临的环境保护与合理开发问题，立足采煤塌陷区新生湿地农业向生态保育、旅游休闲、生物生产等多功能农业转变的科技需求，围绕采煤塌陷区新生湿地生态环境保护与民生改善等建设目标，集成研究与示范采煤塌陷区新生湿地多功能农业关键技术、采煤塌陷区新生湿地空间优化配置与湿地农业产业功能耦合关键技术、湿地农业生态保育和生态环境修复技术，形成以多功能农业为基础的采煤塌陷区新生湿地农业建设推进模式及其技术体系，为采煤塌陷区新生湿地生态保护和可持续利用提供技术支撑和示范样板。

（一）采煤塌陷区新生湿地多功能农业关键技术

（1）筛选适应采煤塌陷区新生湿地的具有观赏价值、环境净化功能、经济价值的湿地作物、湿地蔬菜、湿地花卉苗木，初步拟选择的种类包括菱角、睡莲、茭白、莼菜、莲藕、芋、水芹、荸荠、慈姑、香蒲等，寻找种源，进行种源栽种试验。

（2）进行种植设计，综合考虑不同塌陷类型、不同塌陷时间、坡度类型、岸滩质地、水位深度、湿地植物种类生态特征及工程要求，进行种植设计。

（3）对经试验确认优良的湿地经济植物进行扩大面积的试点人工种植，进行种植工程实施、技术指导和监督，形成种植样板。

（4）研究湿地经济植物高产栽培技术。

（5）试点湿地农业区人工管理，进行湿地农业工程技术规范总结。

（二）采煤塌陷区新生湿地空间优化配置与湿地农业耦合关键技术

（1）采煤塌陷区新生湿地空间优化配置，即生产、生态保护和水面面积的合理比例及其规划建设问题。根据采煤塌陷地不同塌陷类型、不同塌陷时间、地形、高程、坡度、土质类型，合理配置生产、生态保护区块，合理配置不同湿地经济植物的种植空间，大范围统一规划，整体分区建设，规划与建设必须遵循统一的技术规范，做到湿地资源的可持续利用与开发、保护的有机结合。

（2）利用采煤塌陷地生态系统内部结构调整手段进行生态调控，包括合理的种植结构、合理的生物组分等，形成湿地农业产业功能耦合。

（3）开展湿地基塘农业技术示范研究，利用采煤塌陷地形成的塌陷坑塘，借鉴长江三角洲和珠江三角洲的基塘工程智慧，利用塌陷形成的大小、形状、深浅不一的塘，在塘内种植各种具有经济和观赏价值的水生经济植物，进行采煤塌陷区新生湿地基塘农业工程的关键技术研究与示范。

（三）采煤塌陷区新生湿地农业可持续发展示范区建设

以发展湿地特色产品并形成产业化为目标，按照采煤塌陷区新生湿地综合开发利用规划，将塌陷新生湿地空间优化配置、湿地经济植物高产栽培、高效湿地农业模式等关键技术在若干个示范区进行集成组装，在采煤塌陷区新生湿地进行高效湿地经济植物种植基地、湿地基塘农业示范建设，通过典型示范区的样板作用，新品种、新技术、新模式的引进，多层次大范围的技术培训等形式，建成互成体系的成果推广基地，在不同类型采煤塌陷区新生湿地区域建成不同治理开发技术的推广示范点，推动采煤塌陷区新生湿地农业产业带的形成。

主要参考文献

卞正富. 2004. 矿区开采沉陷农用土地质量空间变化研究. 中国矿业大学学报, 33（2）：
213-218.

蔡音亭, 干晓静, 马志军. 2010. 鸟类调查的样线法和样点法比较：以崇明东滩春季盐沼鸟
类调查为例. 生物多样性, 18（1）：44-49.

常江, 于硕, 冯姗姗. 2017. 中国采煤塌陷型湿地研究进展. 煤炭工程, 49（4）：125-128.

陈汉斌. 1990. 山东植物志. 上卷. 青岛：青岛出版社.

陈汉斌. 1997. 山东植物志. 下卷. 青岛：青岛出版社.

陈军. 2017. 安徽省淮南煤矿潘一矿采煤塌陷区水体重金属污染分析与评价. 南京：南京大
学硕士学位论文.

陈龙乾, 郭达志, 许善宽, 等. 2002. 兖州矿区采煤塌陷地状况与综合治理途径研究. 自然
资源学报, 17（4）：504-508.

陈晓晴, 高良敏. 2016. 采煤塌陷对生态环境的影响及修复措施——以淮南大通湿地为例.
安徽农学通报, 22（16）：63-64.

陈源源. 2015. 典型采煤塌陷地整治潜力及模式研究. 济南：山东师范大学硕士学位论文.

程松林, 毛夷仙, 袁荣斌. 2014. 江西武夷山-黄岗山西北坡森林繁殖鸟类多样性调查. 生态
学报, 34（23）：6963-6974.

崔宝山, 杨志峰. 2006. 湿地学. 北京：北京师范大学出版社.

邓学建, 王斌, 雷刚. 2001. 东洞庭湖冬季鸟类及其多样性分析. 动物学杂志, 36（3）：54-56.

刁正俗. 1990. 中国水生杂草. 重庆：重庆出版社：1-501.

杜培军, 郭达志. 2003. GIS 支持下遥感图像中采矿塌陷地提取方法研究. 中国图象图形学
报, 8（2）：231-235.

樊简, 邱冬冬, 王婉丽, 等. 2015. 西洞庭湖不同生境下鸟类群落结构研究. 湿地科学,
13（2）：258-264.

范喜顺, 胡德夫, 陈合志, 等. 2005. 华北平原耕作区鸟类群落结构与林业生态关系研究. 干旱区研究, 22（2）: 186-191.

方文惠, 桂和荣, 王和平. 2007. 谢二矿塌陷塘浮游植物群落结构特征指数分析. 安徽理工大学学报（自然科学版）, 27（3）: 12-16.

高波, 冯启言, 孟庆俊. 2013. 采煤塌陷地积水对土壤氮素矿化过程的影响. 环境污染与防治, 35（8）: 1-4.

高继宏, 马建章, 陶宇. 1992. 两种潜鸭不完全巢寄生行为. 动物学研究, （4）: 327-328, 332.

高继宏, 孙相吾, 陶宇, 等. 1992. 青头潜鸭繁殖研究初报. 野生动物, （2）: 25-27.

高伟, 陆健健. 2008. 长江口潮滩湿地鸟类适栖地营造实验及短期效应. 生态学报, （5）: 2080-2089.

葛振鸣, 王天厚. 2006. 长江口杭州湾鸻形目鸟类群落季节变化和生境选择. 生态学报, 26（1）: 40-47.

巩俊霞, 张金路, 王新美, 等. 2016. 采煤塌陷区池塘夏季浮游植物群落结构及环境评价. 水产学杂志, 29（6）: 41-46.

郭友红. 2010. 采煤塌陷区水体生物多样性调查. 中国农学通报, 26（10）: 319-322.

郭玉民, 闻丞, 林剑声, 等. 2016. 青头潜鸭（*Aythya baeri*）在中国的近期分布. 野生动物学报, 37（4）: 382-385, 398.

何春桂, 刘辉, 桂和荣. 2005. 淮南市典型采煤塌陷区水域环境现状评价. 煤炭学报, 30（6）: 754-758.

何金军, 魏江生, 贺晓, 等. 2007. 采煤塌陷对黄土丘陵区土壤物理特性的影响. 煤炭科学技术, 35（12）: 92-96.

洪允和. 1991. 煤矿开采方法. 徐州: 中国矿业大学出版社.

黄燕, 李言阔, 纪伟涛, 等. 2016. 鄱阳湖区鸟类多样性及保护现状分析. 湿地科学, 14（3）: 311-327.

纪磊, 李晓明, 邓道贵. 2016. 淮北煤矿区塌陷湖大型底栖动物群落结构及水质生物学评价. 水生生物学报, 20（1）: 147-156.

江波, 张路, 欧阳志云. 2015. 青海湖湿地生态系统服务价值评估. 应用生态学报, 26（10）: 3137-3144.

蒋科毅，吴明，邵学新，等. 2013. 杭州湾及钱塘江河口南岸滨海湿地鸟类群落多样性及其对滩涂围垦的响应. 生物多样性，21（2）：214-228.

康萨如拉，张庆，牛建明，等. 2014. 景观历史对物种多样性的影响：以内蒙古伊敏露天煤矿为例. 生物多样性，22（2）：117-128.

郎惠卿. 1999. 中国湿地植被. 北京：科学出版社.

李法曾. 2004. 山东植物精要. 北京：科学出版社.

李士伟，杨贵生，王维，等. 2005. 内蒙古伊金霍洛旗红海子湿地公园鸟类种类组成及生态分布. 生态学杂志，34（1）：182-188.

李晓明，纪磊，邓道贵. 2015. 淮北煤矿区塌陷湖水生昆虫群落结构的季节性变化. 生态学杂志，34（5）：1359-1366.

梁晨霞，李波，张雨薇，等. 2017. 内蒙古乌兰察布地区鸟类群落结构及季节变化. 生态学杂志，36（1）：94-103.

廖晓雯，陆舟，舒晓莲，等. 2013. 钦州湾越冬鸻鹬类对不同生境利用分析. 动物学杂志，48（5）：693-700.

林振山，王国祥. 2005. 矿区塌陷地改造与构造湿地建设——以徐州煤矿矿区塌陷地改造为例. 自然资源学报，20（5）：790-795.

刘国强. 2008. 积极推动中国湿地生物多样性保护的主流化——"中国湿地生物多样性保护与可持续利用"项目的经验. 湿地科学，6（4）：447-452.

刘化金，李天芳，陈利红，等. 2015. 黑龙江富锦沿江湿地鸟类多样性季节变化特征. 湿地科学，13（5）：577-581.

刘细元，魏源，衷存堤，等. 2006. 江西萍乡采煤区地面塌陷灾害现状及发展趋势分析. 地质调查与研究，（2）：119-123.

刘永，郭怀成，范英英，等. 2005. 湖泊生态系统动力学模型研究进展. 应用生态学报，16（6）：1169-1175.

刘永，周丰，郭怀成. 2006. 基于管理目标的湖泊生态系统动力学. 生态学报，26（10）：3434-3441.

卢全伟，赵海鹏，张国强，等. 2012. 河南安阳平原农耕区鸟类区系及多样性. 四川动物，31（4）：619-622.

陆健健，何文珊. 2006. 湿地生态学. 北京：高等教育出版社.

马蓓蓓, 鲁春霞, 张雷. 2009. 中国煤炭资源开发的潜力评价与开发战略. 资源科学, 31 (2): 224-230.

马敬能, 何芬奇. 2000. 中国鸟类野外手册. 长沙: 湖南教育出版社.

马克平, 刘玉明. 1994. 生物群落多样性的测度方法 I: 多样性的测度方法 (下). 生物多样性, 2 (4): 231-239.

马克平, 钱迎倩. 1998. 生物多样性保护及其研究进展. 应用与环境生物学报, 4 (1): 95-99.

马志军, 李博, 陈家宽. 2005. 迁徙鸟类对中途停歇地的利用及迁徙对策. 生态学报, 25 (6): 1404-1412.

马志军, 王勇, 陈家宽. 2005. 迁徙鸟类中途停歇期的生理生态学研究. 生态学报, 25 (11): 275-283.

毛汉英, 方创琳. 1998. 兖滕两淮地区采煤塌陷地的类型与综合开发生态模式. 生态学报, 18 (5): 3-8.

孟磊. 2010. 采煤驱动下平原小流域生态演变规律及评价——以淮南泥河流域为例. 徐州: 中国矿业大学博士学位论文.

裴铁, 于系民, 金昌杰. 2001. 生态动力学. 北京: 科学出版社.

彭苏萍, 王磊, 孟召平, 等. 2002. 遥感技术在煤矿区积水塌陷动态监测中的应用——以淮南矿区为例. 煤炭学报, 27 (4): 374-378.

尚宗波, 高琼. 2001. 流域生态学——生态学研究的一个新领域. 生态学报, 21 (3): 468-473.

苏迪. 2016. 济宁市采煤塌陷地综合治理存在问题与对策研究. 泰安: 山东农业大学硕士学位论文.

孙儒泳, 李博, 诸葛阳, 等. 1993. 普通生态学. 北京: 高等教育出版社.

孙儒泳. 2006. 动物生态学原理. 北京: 北京师范大学出版社.

孙勇, 邓昶身, 鲁长虎. 2014. 芦苇收割对太湖国家湿地公园冬季鸟类多样性和空间分布的影响. 湿地科学, 29 (6): 697-702.

唐启升, 苏纪兰. 2001. 海洋生态系统动力学研究与海洋生物资源可持续利用. 地球科学进展, 16 (1): 5-11.

万方浩, 刘全儒, 谢明, 等. 2012. 生物入侵: 中国外来入侵植物图谱. 北京: 科学出版社: 1-303.

王行风, 杜培军, 孙久运. 2007. 兖济滕矿区地表塌陷遥感信息解译研究. 水土保持研究,

14（5）：259-262.

王荷生. 1992. 植物区系地理. 北京：科学出版社：1-180.

王惠，袁兴中. 2014. 采煤塌陷地新生湿地生态修复与可持续利用之路——山东邹城太平国家湿地公园的建设. 大学科普，8（26）：62-63.

王健，高永，魏江生. 2006. 采煤塌陷对风沙区土壤理化性质影响的研究. 水土保持学报，20（5）：52-55.

王萍，王慧，孙小银，等. 2017. 采煤塌陷地动态演变及对土地利用的影响——以太平国家湿地公园为例. 国土与自然资源研究，5：39-43.

王强，吕宪国. 2007. 鸟类在湿地生态系统监测与评价中的应用. 湿地科学，5（3）：274-281.

王松，简兴，张财文，等. 2016. 淮北采煤塌陷区湿地鸟类多样性及群落结构特征. 湿地科学，14（6）：755-762.

王雪湘，赵国际，李秀云，等. 2010. 采煤塌陷区湿地生物多样性保护研究. 河北林业科技，1：29-30.

王岩. 2010. 济宁市采煤塌陷地的治理问题研究. 济南：山东大学硕士学位论文.

王振红，桂和荣，罗专溪. 2007. 浅水塌陷塘新型湿地藻类群落季节特征及其对生境的响应. 水土保持学报，21（4）：197-200.

王振红. 2005. 矿区采煤塌陷塘浮游植物水生态环境研究——以谢二矿塌陷塘为例. 淮南：安徽理工大学硕士学位论文.

魏晓华，孙阁. 2009. 流域生态系统过程与管理. 北京：高等教育出版社.

吴侃. 1999. 矿区沉陷预测预报系统. 徐州：中国矿业大学出版社.

吴征镒，路安民，汤彦承，等. 2004. 中国被子植物科属综论. 北京：科学出版社.

吴征镒，孙航，周浙昆，等. 2011. 中国种子植物区系地理. 北京：科学出版社.

吴征镒，周浙昆，孙航，等. 2006. 种子植物分布区类型及其起源和演化. 昆明：云南出版集团公司，云南科技出版社.

吴征镒. 1980. 中国植被. 北京：科学出版社.

吴征镒. 1991. 中国种子植物分布区类型. 云南植物研究，（增刊Ⅳ）：1-139.

吴征镒. 1993. 中国种子植物属的分布区类型的（增订和勘误）. 云南植物研究，（增刊Ⅳ）：41-178.

熊李虎，吴翔，高伟，等. 2007. 芦苇收割对震旦鸦雀觅食活动的影响. 动物学杂志，42（6）：

41-47.

徐良骥, 严家平, 高永梅. 2008. 淮南矿区塌陷水体环境效应. 煤炭学报, 33 (4): 419-422.

徐良骥, 严家平, 高永梅. 2009. 煤矿塌陷水域水环境现状分析及综合利用——以淮南矿区潘一煤矿塌陷水域为例. 煤炭学报, 34 (7): 933-937.

徐玲. 2004. 崇明东滩湿地植被演替不同阶段鸟类群落动态变化的研究. 上海: 华东师范大学硕士毕业论文.

徐炜, 马志远, 井新, 等. 2016. 生物多样性与生态系统多功能性: 进展与展望. 生物多样性, 24 (1): 55-71.

徐鑫, 易齐涛, 王晓萌, 等. 2015. 淮南矿区小型煤矿塌陷湖泊浮游植物群落结构特征. 水生生物学报, 39 (4): 1-11.

杨居荣, 车宇瑚. 1986. 大型露天煤矿开发的生态影响评价. 环境科学学报, 6 (1): 1-7.

杨利民. 2001. 物种多样性维持机制研究进展. 吉林农业大学学报, 23 (4): 51-55, 59.

杨叶. 2008. 以湿地系统为核心的矿区生态改造——以唐山南湖生态区为例. 天津: 天津大学硕士学位论文.

姚国征. 2012. 采煤塌陷对生态环境的影响及恢复研究. 北京: 北京林业大学博士学位论文.

叶瑶, 全占军, 肖能文, 等. 2015. 采煤塌陷对地表植物群落特征的影响. 环境科学研究, 28 (5): 736-744.

易齐涛, 陈求稳, 赵德慧, 等. 2016. 淮南采煤塌陷湖泊浮游植物功能群的季节演替及其驱动因子. 生态学报, 36 (15): 4843-4854.

应俊生, 陈梦玲. 2011. 中国植物地理. 北京: 科学出版社.

袁家柱. 2009. 煤矿塌陷型水域水质控制因素研究——以淮南矿区为例. 淮南: 安徽理工大学硕士学位论文.

袁玉洁, 梁婕, 黄璐, 等. 2013. 环境因子对东洞庭湖优势冬季水鸟分布的影响. 应用生态学报, 24 (2): 527-534.

张发旺, 侯新伟, 韩占涛, 等. 2003. 采煤塌陷对土壤质量的影响效应及保护技术. 地理与地理信息科学, 19 (3): 67-70.

张发旺, 赵红梅, 宋亚新, 等. 2007. 神府东胜矿区采煤塌陷对水环境影响效应研究. 地球学报, 28 (6): 521-527.

张锦瑞, 陈娟浓, 岳志新, 等. 2007. 采煤塌陷引起的地质环境问题及其治理. 中国水土保持，(4)：37-39.

张丽娟，王海邻，胡斌. 2007. 煤矿塌陷区土壤酶活性与养分分布及相关研究——以焦作韩王庄矿塌陷区为例. 环境科学与管理，32（1）：126-129.

张乔勇. 2017. 采煤塌陷区新生湿地鸟类群落及多样性研究. 重庆：重庆大学硕士学位论文.

张乔勇，袁兴中，刁元彬，等. 2017. 采煤塌陷区新生湿地鸟类群落及多样性研究. 野生动物学报，38（3）：447-454.

张荣祖. 1997. 中国动物地理. 北京：科学出版社.

赵洪峰，雷富民. 2002. 鸟类用于环境监测的意义及研究进展. 动物学杂志，37（6）：74-78.

郑光美. 2011. 中国鸟类分类与分布名录. 北京：科学出版社.

郑作新. 1993. 中国经济动物志——鸟类. 北京：科学出版社.

中国科学院《中国自然地理》编辑委员会. 1983. 中国自然地理·植物地理. 上册. 北京：科学出版社：1-129.

中华人民共和国商业部土产废品局，中国科学院植物研究所. 2012. 中国经济植物志. 北京：科学出版社.

钟福生，颜亨梅，李丽平，等. 2007. 东洞庭湖湿地鸟类群落结构及其多样性. 生态学杂志，26（12）：1959-1968.

周晓燕. 2010. 采煤塌陷塘浮游动物群落结构和水质评价研究. 水生态学杂志，3（4）：60-64.

朱文中，周立志. 2010. 安庆沿江湖泊湿地生物多样性及其保护与管理. 合肥：合肥工业大学出版社.

Antwi E K，Krawczynski R，Wiegleb G. 2008.Detecting the effect of disturbance on habitat diversity and land cover change in a post-mining area using GIS. Landscape and Urban Planning，87（1）：22-32.

Arnold G W，Wit C T.1976. Critical Evaluation of Systems Analysis in Ecosystems Research and Management.Wageningen：Pudoc.

Atkinson W D，Shorrocks B. 1991. Competition on a divided and ephemeral resource：a simulation model. Journal of Animal and Ecology，50：461-471.

Bai Y L，Wang R S，Jin J S. 2011. Water eco-service assessment and compensation in a coal mining region-A case study in the Mentougou District in Beijing. Ecological Complexity，8：144-152.

Booth C J，Spande E D，Pattee C T，et al. 1998. Positive and negative impacts of longwall mine subsidence on a sandstone aquifer. Environmental Geology，34：223-233.

Booth C J. 2006.Groundwater as an environmental constraint of longwall coalmining. Environ Geol.，49：796-803.

Brain B P，Cousens R.1990. The effect of weed distribution on predictions of yield loss. Journal of Applied Ecology，27：735-742.

Brown K M. 1982. Resource overlap and competition in pond snails：an experimental analysis. Ecology，63：412-422.

Cadotte M W，Dinnage R，Tilman D. 2012. Phylogenetic diversity promotes ecosystem stability. Ecology，93：223-233.

Cao L，Fox A D.2009. Birds and people both depend on China's wetlands. Nature，460（7252）：173-173.

Charles J K，Stan B，Rudy B. 2001. Ecosystem Dynamics of the Boreal Forest：the Kluane Project. New York：Oxford University Press.

Cong P H，Wang X，Cao L，et al. 2012. Within-winter shifts in Lesser White-fronted Goose Anser erythropus distribution at East Dongting Lake，China. Ardea-Wageningen-，100（1）：5-11.

Costanza R. 1997. The value of the world's ecosystem services and natural capital. Nature，387：252-259.

Datta K K，Jong C.2002. Adverse effect of water logging and soil salinity on crop and land productivity in northwest region of Haryana，India. Agricultural Water Management，（57）：223-238.

Dolny´A，Harabiš F. 2012. Underground mining can contribute to freshwater biodiversity conservation：Allogenic succession forms suitable habitats for dragonflies. Biological Conservation，145：109-117.

Graening G O，Brown A V.2003. Ecosystem dynamics and pollution effects in an Ozark cave stream. Journal of the American Water Resources Association，39（6）：1497-1507.

Guan Y P，Gao H W，Feng S Z，et al. 1997. Basic views of ocean ecosystem dynamics. Advance in Earth Sciences，11（5）：447-450.

Harris R. 1999.Global Ocean Ecosystem Dynamic（GLOBEC）：Implementation Plan. IGBP

Report 47, IGBP Secretariat, Stockholm Sweden.

Hauhs M, Lange H. 1996.Ecosystem dynamics viewed from an endoperspective. Science of the Total Environment, 183 (122): 125-136.

Howes J, Bakewell D. 1989. Shorebird studies manual. Cornell University: Asian wetland Bureau, 55: 143-147.

Isbell F I, Polley H W, Wilsey B J. 2009. Biodiversity, productivity and the temporal stability of productivity: patterns and processes. Ecology Letters, 12: 443-451.

Jeffers J N R. 1978. An Introduction to Systems Analysis.London: Edward Arnold.

Johansson L J, Hall K, Prentice H C, et al. 2008. Semi-natural grassland continuity, long-term land-use change and plant species richness in an agricultural landscape on Öland, Sweden. Landscape and Urban Planning, 84: 200-211.

Jowett D. 1999.Adaptation of a lead tolerant population to low mining soil fertility. Nature, (18): 43.

Kull K, Zobel M. 1991. High species richness in an Estonian wooded meadow. Journal of Vegetation Science, 2: 715-718.

Lewin I, Smolin′ ski A. 2006. Rare and vulnerable species in the mollusc communities in the mining subsidence reservoirs of an industrial area (The Katowicka Upland, Upper Silesia, Southern Poland). Limnologica, 36: 181-191.

Lewin I, Spyra A, Krodkiewska M, et al. 2015. The Importance of the Mining Subsidence Reservoirs Located Along the Trans-Regional Highway in the Conservation of the Biodiversity of Freshwater Molluscs in Industrial Areas (Upper Silesia, Poland). Water Air Soil Pollut., 226: 189-198.

Liao X Q, Li W, Hou J X. 2013. Application of GIS based ecological vulnerability evaluation in environmental impact assessment of master plan of coal mining area. Procedia Environmental Sciences, 18: 271-276.

Lima A T, Mitchell K, O'Connell D W, et al. 2016. The legacy of surface mining: Remediation, restoration, reclamation and rehabilitation. Environmental Science & Policy, 66: 227-233.

Luo Y.2008. Systematic approach to assess and mitigate longwall subsidence influences on surface structures. Journal of Coal Science & Engineering (China), 14 (3): 407-414.

Meng Q J，Feng Q Y，Wu Q Q，et al. 2009. Distribution characteristics of nitrogen and phosphorus in mining induced subsidence wetland in Panbei coal mine，China. Procedia Earth and Planetary Science，1：1237-1241.

Meng Q J，Feng Q Y，Wu Q Q，et al. 2009. Distribution characteristics of nitrogen and phosphorus in mining induced subsidence wetland in Panbei coal mine，China. Procedia Earth and Planetary Science，1：1237-1241.

Ng H M，Ge L，Yan Y，et al. 2010. Mapping accumulated mine subsidence using small stack of SAR differential interferograms in the Southern coalfield of New South Wales，Australia. Engineering Geology，115（1-2）：1-15.

Padoa-Schioppa E，Baietto M，Massa R.2006. Bird communities as bioindicators：The focal species concept in agricultural landscapes. Ecological Indicators，6：83-93.

Rapport D J. 1995.Evaluating and Monitoring the Health of Large Scale Ecosystems. Heidelberg：Springer Veriag：5-31.

Rijsberman F，Silva S D. 2006. Sustainable Agriculture and Wetlands//Verhoeven J T A，Beltman B，Bobbink R，et al. Wetlands and Natural Resource Management. Berlin，Heidelberg：Springer Berlin Heidelberg：33-52.

Seils D E，Darmody R G，Simmons F W. The effects of coal mine subsidence on soil macroporsity and water flow. Robert E D，Barnhisel R I，Darmody R G. Proceeding of 1992 National Symposium on Prime Farmland Reclamation. Urbana：University of Illinois Press，1992，137-146.

Sivertow N J，Law R. 1987. Do plants need niches. Trends in Ecology and Evolution，2：24-26.

Song J J，Han C J，Li P，et al. 2012. International Journal of Mining. Science and Technology，22：69-73.

Stratford C.2017. Hydrological Services of Wetlands and Global Climate Change //Finlayson C M，Everard M，Irvine K，et al. The Wetland Book：I：Structure and Function，Management and Methods. Dordrecht：Springer Netherlands：1-8.

Tilman D，Wedin D. 1991. Plant traits and resource reduction for five grasses growing on a nitrogen gradient. Ecology，72：685.

Tripathi N，Singh R S，Singh J S. 2009. Impact of post-mining subsidence on nitrogen transformation in southern tropical dry deciduous forest，India. Environmental Research，109：258-266.

Ulanowicz R E，Baird D. 1999. Nutrient controls on ecosystem dynamics：the Chesapeake mesohaline community. Journal of Marine Systems，19（123）：159-172.

Ulanowicz R E.2003. Some steps toward a central theory of ecosystem dynamics. Computational Biology and Chemistry，27（6）：523-530.

Wang G L ，Eltahir E A B. 2000. Ecosystem dynamics and the Sahel drought. Geophysical Research Letters ，27（6）：795-798.

Wiebe P H，Beardsley R C，Mountain D G，et al. 1996. Global ocean ecosystem dynamics-Initial program in northwest Atlantic. Sea Technology，37（8）：67-76.

Wu C Y，Raven P. 1988-2013. Flora of China（1-25 vols）. Beijing：Science Press & St. Loius：Missouri Botanical Garden Press.

Yarie J，Viereck L，Van Cleve K，et al. 1998. Flooding and ecosystem dynamics along the Tanana River. Applying the state-factor approach to studies of ecosystem structure and function on the Tanana river floodplain. Bioscience，48（9）：690-695.

Zhang Q X，Wang F，Wang R S. 2011. Research progress of ecological erstoration for wetlands in coal mine areas. Procedia Environmental Sciences，10：1933-1938.

Zhang Y，Jia Q，Prins H H T，et al. 2015. Effect of conservation efforts and ecological variables on waterbird population sizes in wetlands of the Yangtze River. Sci Rep，5：12.

Zhang Y，Zhou D，Niu Z，et al. 2014. Valuation of lake and marsh wetlands ecosystem services in China . Chinese Geographical Science，24（3）：269-278.

Zipper C，Balfour W，Roth R，et al. 1997. Domestic water supply impacts by underground coal mining in Virginia. USA. Environmental Geology，29：84-93.

附录 1　研究区域（采煤塌陷区）维管植物名录

中文名	拉丁名	生活型	保护等级
蕨类植物门	**Pteridophyta**		
槐叶苹科	*Salviniaceae*		
槐叶萍	*Salvinia natans*	草本	
木贼科	**Equisetaceae**		
节节草	*Equisetum ramosissima*	草本	
苹科	**Marsileaceae**		
苹	*Marsilea quadrifolia*	草本	
满江红科	**Azollaceae**		
满江红	*Azolla imbricate*	草本	
裸子植物门	**Gymnospermae**		
银杏科	**Ginkgoaceae**		
银杏	*Ginkgo biloba*	常绿乔木	濒危，国家一级
松科	**Pinaceae**		
雪松	*Cedrus deodara*	常绿乔木	
油松	*Pinus tabulaeformis*	常绿乔木	
樟子松	*Pinus sylvestris* var. *mongolica*	常绿乔木	
火炬松	*Pinus taeda*	常绿乔木	
北美短叶松	*Pinus banksiana*	常绿乔木	
杉科	**Taxodiaceae**		
水杉	*Metasequoia glyptostroboides*	落叶乔木	濒危，国家一级
中山杉	*Taxodium hybrid 'Zhongshanshan'*	落叶乔木	
柏科	**Cupressaceae**		
日本花柏	*Chamaecyparis pisifera*	常绿灌木	
龙柏	*Sabina chinensis* cv.*Kaizuca*	常绿灌木	
被子植物门	**Angiospermae**		
双子叶植物纲	**Dicotyledoneae**		
木兰科	**Magnoliaceae**		
鹅掌楸	*Liriodendron chinense*	落叶乔木	国家二级

续表

中文名	拉丁名	生活型	保护等级
荷花玉兰	*Magnolia grandiflora*	常绿乔木	
莲科	**Nelumbonaceae**		
莲	*Nelumbo nucifera*	草本	国家二级
睡莲科	**Nymphaeaceae**		
芡实	*Euryale ferox*	草本	
睡莲	*Nymphaea tetragona*	草本	
金鱼藻科	**Ceratophyllaceae**		
金鱼藻	*Ceratophyllum demersum*	草本	
五刺金鱼藻	*Ceratophyllum oryzetorum*	草本	
太平金鱼藻	*Ceratophyllum taipingense*	草本	
毛茛科	**Ranunculaceae**		
茴茴蒜	*Ranunculus chinensis*	草本	
毛茛	*Ranunculus japonicus*	草本	
石龙芮	*Ranunculus sceleratus*	草本	
天葵	*Semiaquilegia adoxoides*	草本	
小檗科	**Berberidaceae**		
日本小檗	*Berberis thunbergii*	落叶灌木	
罂粟科	**Papaveraceae**		
秃疮花	*Dicranostigma leptopodum*	草本	
金缕梅科	**Hamamelidaceae**		
北美枫香	*Liquidambar styraciflua*	落叶乔木	
榆科	**Ulmaceae**		
榆树	*Ulmus pumila*	落叶乔木	
大麻科	**Cannabaceae**		
葎草	*Humulus scandens*	草本	
紫茉莉科	*Nyctaginaceae*		
紫茉莉	*Mirabilis jalapa*		
桑科	**Moraceae**		
构树	*Broussonetia papyrifera*	落叶乔木	
桑	*Morus alba*	落叶乔木	
壳斗科	**Fagaceae**		
红栎	Quercus rubra	落叶乔木	
商陆科	**Phytolaccaceae**		
垂序商陆	*Phytolacca americana*	草本	

中文名	拉丁名	生活型	保护等级
茜草科	*Rubiaceae*		
猪殃殃	*Galium aparine* var. *tenerum*	草本	
四叶葎	*Galium bungei*	草本	
茜草	*Rubia cordifolia*	草本	
藜科	**Chenopodiaceae**		
藜	*Chenopodium album*	草本	
土荆芥	*Chenopodium ambrosioides*	草本	
灰绿藜	*Chenopodium glaucum*	草本	
小藜	*Chenopodium serotinum*	草本	
地肤	*Kochia scoparia*	草本	
猪毛菜	*Salsola collina*	草本	
菠菜	*Spinacia oleracea*	草本	
苋科	**Amaranthaceae**		
喜旱莲子草	*Alternanthera philoxeroides*	草本	
莲子草	*Alternanthera sessilis*	草本	
绿穗苋	*Amaranthus hybridus*	草本	
繁穗苋	*Amaranthus paniculatus*	草本	
合被苋	*Amaranthus polygonoides*	草本	
反枝苋	*Amaranthus retroflexus*	草本	
刺苋	*Amaranthus spinosus*	草本	
皱果苋	*Amaranthus viridis*	草本	
凹头苋	*Amaranthus blitum*	草本	
鸡冠花	*Celosia cristata*	草本	
穗状鸡冠花	*Celosia plumosa*	草本	
马齿苋科	**Portulacaceae**		
马齿苋	*Portulaca oleracea*	草本	
马齿牡丹	*Portulaca oleracea* var. *granatus*	草本	
石竹科	**Caryophllaceae**		
石竹	*Dianthus chinensis*	草本	
瞿麦	*Dianthus superbus*	草本	
粗壮女娄菜	*Silene firma*	草本	
女娄菜	*Silene aprica*	草本	
无瓣繁缕	*Stellaria apetala*	草本	
鹅肠菜（牛繁缕）	*Myosoton aquaticum*	草本	

续表

中文名	拉丁名	生活型	保护等级
无心菜	*Arenaria serpyllifolia*	草本	
球序卷耳	*Ceratium glomeratum*	草本	
蓼科	**Polygonaceae**		
萹蓄	*Polygonum aviculare*	草本	
习见蓼	*Polygonum plebeium*	草本	
辣蓼	*Polygonum hydropiper*	草本	
酸模叶蓼	*Polygonum lapathifolium*	草本	
绵毛酸模叶蓼	*Polygonum lapathifolium* var.*salicifolium*	草本	
长鬃蓼	*Polygonum longisetum*	草本	
圆基长鬃蓼	*Polygonum longisetum* var. *rotundatum*	草本	
杠板归	*Polygonum perfoliatum*	草本	
齿果酸模	*Rumex dentatus*	草本	
刺酸模	*Rumex maritimus*	草本	
黑龙江酸模	*Rumex amurensis*	草本	
巴天酸模	*Rumex patientia*	草本	
芍药科	**Paeoniaceae**		
牡丹	*Paeonia suffruticosa*	落叶灌木	
芍药	*Paeonia lactiflora*	草本	
锦葵科	**Malvaceae**		
苘麻	*Abutilon theophrasti*	草本	
蜀葵	*Althaea rosea*	草本	
甜麻	*Corchohorus aestuans*	草本	
陆地棉	*Gossypium hirsutum*	草本	
芙蓉葵	*Hibiscus moscheutos*	草本	
木槿	*Hibiscus syriacus*	落叶乔木	
野西瓜苗	*Hibiscus trionum*	草本	
黄花稔	*Sida acuta*	草本	
堇菜科	**Violaceae**		
早开堇菜	*Viola prionantha*	草本	
紫花地丁	*Viola philippica*	草本	
柽柳科	**Tamaricaceae**		
柽柳	*Tamarix chinensis*	落叶灌木	
葫芦科	**Cucurbitaceae**		

续表

中文名	拉丁名	生活型	保护等级
盒子草	*Actinostemma tenerum*	草本	
冬瓜	*Benincasa hispida*	草本	
小马泡	*Cucumis bisexualis*	草本	
南瓜	*Cucurbita moschata*	草本	
杨柳科	**Salicaceae**		
垂柳	*Salix babylonica*	落叶乔木	
旱柳	*Salix matsudana*	落叶乔木	
107 杨	*Populus nigra*	落叶乔木	
中林 46 杨	*populus × euramericana* 'Zhonglin46'	落叶乔木	
十字花科	**Cruciferae**		
青菜	*Brassica chinensis*	草本	
白菜	*Brassica pekinensis*	草本	
芥菜疙瘩	*Brassica napiformis*	草本	
北美独行菜	*Lepidium virginicum*	草本	
萝卜	*Raphanus sativus*	草本	
无瓣蔊菜	*Rorippa dubia*	草本	
沼生蔊菜	*Rorippa islandica*	草本	
蔊菜	*Rorippa indica*	草本	
广州蔊菜	*Rorippa cantoniensis*	草本	
荠	*Capsella bursa-pastoris*	草本	
小花糖芥	Erysimum cheiranthoides	草本	
播娘蒿	*Descurainia sophia*	草本	
葶苈	*Draba nemorosa*	草本	
碎米荠	*Cardamine hirsuta*	草本	
弯曲碎米荠	*Cardamine flexuosa*	草本	
诸葛菜	*Orychragmus violaceus*	草本	
柿树科	**Ebenaceae**		
柿	*Diospyros kaki*	落叶乔木	
报春花科	**Primulaceae**		
泽珍珠菜	*Lysimachia candida*	草本	
点地梅	*Androsace umbellata*	草本	
景天科	**Crassulaceae**		
费菜	*Sedum aizoon*	草本	
蔷薇科	**Rosaceae**		

续表

中文名	拉丁名	生活型	保护等级
蛇莓	*Duchesnea indica*	草本	
朝天委陵菜	*Potentilla supina*	草本	
三叶朝天委陵菜	*Potentilla supina* var.*sinica*	草本	
月季	*Rosa chinensis*	落叶灌木	
野蔷薇	*Rosa multiflora*	落叶灌木	
黄刺玫	*Rosa xanthina*	落叶灌木	
山楂	*Crataegus pinnatifida*	落叶乔木	
苹果	*Malus pumila*	落叶乔木	
海棠花	*Malus spectabilis*	落叶乔木	
石楠	*Photinia serulata*	常绿灌木	
红叶石楠	*Photinia frasery*	常绿灌木	
桃	*Amygdalus persica*	落叶乔木	
杏	*Armeniaca vugaris*	落叶乔木	
日本晚樱	*Cerasus serrulata* var. *lannesiana*	落叶乔木	
紫叶李	*Prunus cerasifera* f. *atropurpurea*	落叶乔木	
含羞草科	**Mimosaceae**		
合欢	*Albizia julibrissin*	落叶乔木	
云实科	**Caesalpiniaceae**		
山皂荚	*Leditsia japonica*	落叶乔木	
紫荆	*Cercis chinensis*	落叶灌木	
巨紫荆	*Cercis gigantea*	落叶灌木	
蝶形花科	**Fabaceae**		
落花生	*Arachis hypogaea*	草本	
野大豆	*Glycine soja*	草本	
大豆	*Glycine max*	草本	
米口袋	*Gueldenstaedtia multiflora*	草本	
光滑米口袋	*Gueldenstaedtia maritima*	草本	
长萼鸡眼草	*Kummerowia stipulacea*	草本	
兴安胡枝子	*Lespedeza davurica*	草本	
多花胡枝子	*Lespedeza floribunda*	草本	
尖叶铁扫帚	*Lespedeza juncea*	草本	
黄香草木樨	*Melilotus officinalis*	草本	
刺槐	*Robnia pseudoacacia*	落叶乔木	
四籽野豌豆	*Vicia tetrasperma*	草本	

中文名	拉丁名	生活型	保护等级
小巢菜	*Vicia hirsuta*	草本	
救荒野豌豆	*Vicia sativa*	草本	
确山野豌豆	*Vicia kioshanica*	草本	
窄叶野豌豆	*Vicia angustifolia*	草本	
贼小豆	*Vigna minima*	草本	
绿豆	*Vigna radiata*	草本	
豇豆	*Vigna unguiculata*	草本	
长豇豆	*Vigna unguiculata* subp. *sesquipedalis*	草本	
天蓝苜蓿	*Medicago lupulina*	草本	
扁豆	*Lablab purpureus*	草本	
小二仙草科	**Haloragidaceae**		
穗状狐尾藻	*Myriophyllum spicatum*	草本	
狐尾藻	*Myriophyllum verticillatum*	草本	
千屈菜科	**Lythraceae**		
多花水苋菜	*Ammannia multiflora*	草本	
紫薇	*Lagerstroemia indica*	落叶乔木	
菱科	**Trapaceae**		
乌菱	*Trapa bicornis*	草本	
菱	*Trapa bispinosa*	草本	
石榴科	**Punicaceae**		
石榴	*Punica granatum*	落叶乔木	
柳叶菜科	**Onagraceae**		
小花山桃草	*Gaura parviflora*	草本	
丁香蓼	*Ludwigia prostrata*	草本	
卫矛科	**Celastraceae**		
冬青卫矛	*Euonymus japonicus*	常绿灌木	
大戟科	**Euphorbiaceae**		
铁苋菜	*Acalypha australis*	草本	
泽漆	*Euphorbia helioscopia*	草本	
地锦	*Euphorbia humifusa*	草本	
斑地锦	*Euphorbia maculata*	草本	
蜜甘草	*Phyllanthus ussuriensis*	草本	
蓖麻	*Ricinus communis*	草本	

续表

中文名	拉丁名	生活型	保护等级
葡萄科	**Vitaceae**		
乌蔹莓	*Cayratia japonica*	草本	
五叶地锦	*Parthenocissus quinquefolia*	落叶木本	
亚麻科	**Linaceae**		
亚麻	*Linum usitatissimum*	草本	
无患子科	**Sapindaceae**		
栾树	*Koelreuteria paniculata*	落叶乔木	
七叶树科	**Hippocastanaceae**		
红花七叶树	*Aesculus pavia*	落叶灌木	
槭树科	**Aceraceae**		
挪威槭	*Acer platanoides*	落叶乔木	
鸡爪槭	*Acer palmatum*	落叶乔木	
梣叶槭	*Acer negundo*	落叶乔木	
漆树科	**Anacardiaceae**		
红叶黄栌	*Cotinus coggygria* var. *cinerea*	落叶乔木	
苦木科	**Simaroubaceae**		
臭椿	*Ailanthus altissima*	落叶乔木	
楝科	**Meliaceae**		
楝	*Melia azedarach*	落叶乔木	
酢浆草科	**Oxalidaceae**		
大花酢浆草	*Oxalis bowiei*	草本	
酢浆草	*Oxalis corniculata*	草本	
牻牛儿苗科	**Geraniaceae**		
牻牛儿苗	*Erodium stephanianum*	草本	
野老鹳草	*Geranium carolinianum*	草本	
伞形科	**Apiaceae**		
辽藁本	*Ligusticum jeholense*	草本	
胡萝卜	*Daucus carota* var.*sativa*	草本	
野胡萝卜	*Daucus carota*	草本	
芫荽	*Coriandrum sativum*	草本	
窃衣	*Torilis scabra*	草本	
蛇床	*Cnidium monnieri*	草本	
水芹	*Oenanthe javanica*	草本	

中文名	拉丁名	生活型	保护等级
萝藦科	**Asclepiadaceae**		
鹅绒藤	*Cynanchum chinense*	草本	
雀瓢	*Cynanchum thesioides* var. *australe*	草本	
萝藦	*Metaplexis japonica*	草本	
茄科	**Solanaceae**		
假酸浆	*Nicandra physalodes*	草本	
辣椒	*Capsicum annuum*	草本	
曼陀罗	*Datura stramonium*	草本	
枸杞	*Lyceum chinensis*	落叶木本	
碧冬茄	*Petunia hybrida*	草本	
小酸浆（草本）	*Physalis minima*	草本	
龙葵	*Solanum nigrum*	草本	
旋花科	**Convolvulaceae**		
打碗花	*Calystegia hederacea*	草本	
旋花	*Calystegia sepium*	草本	
藤长苗	*Calystegia pellita*	草本	
田旋花	*Convolvulus arvensis*	草本	
番薯	*Ipomoea batatas*	草本	
牵牛	*Pharbitis nil*	草本	
菟丝子科	**Cuscutaceae**		
菟丝子	*Cuscuta chinensis*	草本	
睡菜科	**Menyanthaceae**		
荇菜	*Nymphoides peltatum*	草本	
紫草科	**Boraginaceae**		
麦家公	*Lithospermum arvense*	草本	
附地菜	*Trigonotis peduncularis*	草本	
柔弱斑种草	*Bothriospermum tenellum*	草本	
多苞斑种草	*Bothriospermum secundum*	草本	
弯齿盾果草	*Thyrocarpus glochidiatus*	草本	
鹤虱	*Lappula myosotis*	草本	
马鞭草科	**Verbenaceae**		
美女樱	*Verbena hybrida*	草本	
唇形科	**Labiatae**		
夏至草	*Lagopsis supine*	草本	

续表

中文名	拉丁名	生活型	保护等级
益母草	*Leonurus japonicus*	草本	
薄荷	*Mentha haplocalyx*	草本	
半枝莲	*Scutellaria barbata*	草本	
薰衣草	*Lavandula angustifolia*	草本	
活血丹	*Glechoma longituba*	草本	
宝盖草	*Lamium amplexicaule*	草本	
荔枝草	*Salvia plebeia*	草本	
车前科	**Plantaginaceae**		
平车前	*Plantago depressa*	草本	
车前	*Plantago asiatica*	草本	
木犀科	**Oleaceae**		
迎春花	*Jasminum nudiflorum*	落叶灌木	
女贞	*Ligustrum lucidum*	常绿乔木	
日本女贞	*Ligustrum japonicum*	常绿灌木	
卵叶女贞	*Ligustrum ovalifolium*	常绿乔木	
木犀（桂花）	*Osmanthus fragrans*	常绿灌木	
白丁香	*Syringa oblata* var. *alba*	落叶乔木	
玄参科	**Scrophulariaceae**		
陌上菜	*Lindernia procumbens*	草本	
通泉草	*Mazus japonicus*	草本	
地黄	*Rehmannia glutinosa*	草本	
北水苦荬	*Veronica anagallis-aquatica*	草本	
蚊母草	*Veronica peregrina*	草本	
婆婆纳	*Veronica didyma*	草本	
爵床科	**Acanthaceae**		
爵床	*Rostellularia procumbens*	草本	
狸藻科	**Lentibulariaceae**		
狸藻	*Utricularia vulgaris*	草本	
桔梗科	**Campanulaceae**		
桔梗	*Platycodon grandiflorus*	草本	
菊科	**Compositae**		
管状花亚科	**Carduoideae**		
萎蒿	*Artemisia selengensis*	草本	
茵陈蒿	*Artemisia capillaries*	草本	

续表

中文名	拉丁名	生活型	保护等级
黄花蒿	*Artemisia annua*	草本	
红足蒿	*Artemisia rubripes*	草本	
艾	*Artemisia argyi*	草本	
野艾蒿	*Artemisia lavandulaefolia*	草本	
钻叶紫菀	*Aster subulatus*	草本	
婆婆针	*Bidens bipinnata*	草本	
大狼耙草	*Bidens frondosa*	草本	
金盏银盘	*Bidens biternata*	草本	
雏菊	*Beliis perennis*	草本	
大刺儿菜	*Cirsium setosum*	草本	
刺儿菜	*Cirsium segetum*	草本	
小蓬草	*Conyza canadensis*	草本	
香丝草	*Conyza bonariensis*	草本	
剑叶金鸡菊	*Coreopsis lanceolata*	草本	
秋英	*Cosmos bipinnatus*	草本	
甘菊	*Dendranthema lavandulifolium*	草本	
菊花	*Dendranthema morifolium*	草本	
鳢肠	*Eclipta prostrata*	草本	
一年蓬	*Erigeron annuus*	草本	
泥胡菜	*Hemistepta lyrata*	草本	
欧亚旋覆花	*Inula britanica*	草本	
旋覆花	*Inula japonica*	草本	
全叶马兰	*Kalimeris integrifolia*	草本	
大丽花	*Dahlia pinnata*	草本	
黑心金光菊	*Rudbeckia hirta*	草本	
孔雀草	*Tagetes patula*	草本	
碱菀	*Tripolium vulgare*	草本	
苍耳	*Xanthium sibiricum*	草本	
蒙古苍耳	*Xanthium mongolicum*	草本	
千瓣葵	*Helianthus decapetalus*	草本	
菊芋	*Helianthus tuberosus*	草本	
小白菊	*Tanacetum Parthenium*	草本	
天人菊	*Gaillardia pulchella*	草本	
鼠麹草	**Gnaphalium affine**	草本	

续表

中文名	拉丁名	生活型	保护等级
丝毛飞廉	*Carduus crispus*	草本	
刺疙瘩	*Olgaea tangutica*	草本	
天名精	*Carpesium abrotanoides*	草本	
舌状花亚科	**Cichorioideae**		
菊苣	*Cichorium intybus*	草本	
抱茎小苦荬	*Ixeridium sonchifolium*	草本	
中华小苦荬	*Ixeridium chinense*	草本	
苦荬菜	*Ixeris polycephala*	草本	
乳苣	*Mulgedium tataricum*	草本	
多裂翅果菊	*Pterocypsela laciniata*	草本	
苦苣菜	*Sonchus oleraceus*	草本	
花叶滇苦菜	*Sonchus asper*	草本	
蒲公英	*Taraxacum mongolicum*	草本	
黄鹌菜	*Youngia japonica*	草本	
野莴苣	*Lactuca seriola*	草本	
生菜	*Lactuca sativa* var.*romana*	草本	
单子叶植物纲	**Monocotyledoneae**		
花蔺科	**Butomaceae**		
花蔺	*Butomus umbellatus*	草本	
水鳖科	**Hydrocharitaceae**		
水鳖	*Hydrocharis dubia*	草本	
黑藻	*Hydrocharis verticillata*	草本	
眼子菜科	**Potamogetonaceae**		
菹草	*Potamogeton crispus*	草本	
光叶眼子菜	*Potamogeton lucens*	草本	
竹叶眼子菜	*Potamogeton malaianus*	草本	
篦齿眼子菜	*Potamogeton pectinatus*	草本	
茨藻科	**Najadaceae**		
大茨藻	*Najas marina*	草本	
天南星科	**Araceae**		
菖蒲	*Acorus calamus*	草本	
浮萍科	**Lemnaceae**		
浮萍	*Lemna minor*	草本	
紫萍	*Spirodela polyrrhiza*	草本	

中文名	拉丁名	生活型	保护等级
鸭跖草科	**Commelinaceae**		
鸭跖草	*Commelina communis*	草本	
饭包草	*Commelina bengalensis*	草本	
灯心草科	**Juncaceae**		
洮南灯心草	*Juncus taonanensis*	草本	
莎草科	**Cyperaceae**		
锥囊薹草	*Carex raddei*	草本	
翼果薹草	*Carex neurocarpa*	草本	
香附子	*Cyperus rotundus*	草本	
头状穗莎草	*Cyperus glomeratus*	草本	
高秆莎草	*Cyperus exaltatus*	草本	
具芒碎米莎草	*Cyperus microiria*	草本	
阿穆尔莎草	*Cyperus amuricus*	草本	
褐穗莎草	*Cyperus fuscus*	草本	
山东白鳞莎草	*Cyperus shandongense*	草本	
异型莎草	*Cyperus difformis*	草本	
旋鳞莎草	*Cyperus michelianus*	草本	
复序飘拂草	*Fimbristylis bisumbellata*	草本	
水莎草	*Juncellus serotinus*	草本	
红鳞扁莎	*Pycreus sanguinolentus*	草本	
球穗扁莎	*Pycreus globosus*	草本	
扁秆藨草	*Scirpus planiculmis*	草本	
藨草	*Scirpus triqueter*	草本	
剑苞藨草	*Scirpus ehrenbergii*	草本	
水葱	*Scirpus validus*	草本	
禾本科	**Poaceae**		
荩草	*Arthraxon hispidus*	草本	
菵草	*Beckmannia syzigachne*（Steud.）Fern.	草本	
虎尾草	*Chloris virgata*	草本	
中华隐子草	*Cleistogenes chinensis*	草本	
狗牙根	*Cynodon dactylon*	草本	
马唐	*Digitaria sanguinalis*	草本	
止血马唐	*Digitaria ischaemum*	草本	

中文名	拉丁名	生活型	保护等级
双稃草	*Diplachne fusca*	草本	
西来稗	*Echinochloa crusgali* var. *zelayensis*	草本	
稗草	*Echinochloa crusgalli*	草本	
长芒稗	*Echinochloa caudata*	草本	
牛筋草	*Eleusine indica*	草本	
大画眉草	*Eragrostis cilianensis*	草本	
画眉草	*Eragrostis pilosa*	草本	
秋画眉草	*Eragrostis autumnalis*	草本	
羊茅	*Festuca ovina*	草本	
牛鞭草	*Hemarthria altissima*	草本	
白茅	*Imperata cylindrica*	草本	
假稻	*Leersia japonica*	草本	
虮子草	*Leptochloa panicea*	草本	
千金子	*Leptochloa chinensis*	草本	
芦苇	*Phragmites australis*	草本	
刚竹	*Phyllostachys sulphurea* cv *Vridis*	常绿木本	
棒头草	*Polypogon fugax*	草本	
大狗尾草	*Setaria faberii*	草本	
狗尾草	*Setaria viridis*	草本	
高粱	*Sorghum nervosum*	草本	
小麦	*Triticum aestivum*	草本	
黄背草	*Themeda japonica*	草本	
荻	*Triarrhena sacchariflora*	草本	
玉蜀黍	*Zea mays*	草本	
结缕草	*Zoysia japonica*	草本	
野燕麦	*Avena fatua*	草本	
看麦娘	*Alopecurus aequalis*	草本	
节节麦	*Aegilops tataschii*	草本	
竖立鹅观草	*Roegneria japonensis*	草本	
大麦	*Hordeum vulgare*	草本	
雀麦	*Bromus japonicus*	草本	
香蒲科	**Typhaceae**		
狭叶香蒲（水烛）	*Typha angustifolia*	草本	
美人蕉科	**Cannaceae**		

续表

中文名	拉丁名	生活型	保护等级
美人蕉	*Canna indica*	草本	
大花美人蕉	*Canna generalis*	草本	
百合科	**Liliaceae**		
葱	*Allium fistulosum*	草本	
蒜	*Allium sativum*	草本	
萱草	*Hemerocallis fulva*	草本	
鸢尾科	**Iridaceae**		
鸢尾	*Iris tectorum*	草本	
黄花鸢尾	*Iris wilsonii*	草本	
薯蓣科	**Dioscoreaceae**		
薯蓣	*Dioscorea opposita*	草本	

附录2 对照区域（农田区）维管植物名录

中文名	拉丁名	生活型
被子植物门	**Angiospermae**	
双子叶植物纲	**Dicotyledoneae**	
藜科	**Chenopodiaceae**	
藜	*Chenopodium album*	草本
尖头叶藜	*Chenopodium acuminatum*	草本
小藜	*Chenopodium serotinum*	草本
石竹科	**Caryophllaceae**	
无心菜	*Arenaria serpyllifolia*	草本
蓼科	**Polygonaceae**	
萹蓄	*Polygonum aviculare*	草本
齿果酸模	*Rumex dentatus*	草本
锦葵科	**Malvaceae**	
苘麻	*Abutilon theophrasti*	草本
葫芦科	**Cucurbitaceae**	
冬瓜	*Benincasa hispida*	草本、栽培
南瓜	*Cucurbita moschata*	草本、栽培
十字花科	**Cruciferae**	
青菜	*Brassica chinensis*	草本、栽培
白菜	*Brassica pekinensis*	草本、栽培
芥菜疙瘩	*Brassica napiformis*	草本、栽培
荠	*Capsella bursa-pastoris*	草本
播娘蒿	*Descurainia sophia*	草本
小花糖芥	Erysimum cheiranthoides	草本
北美独行菜	*Lepidium virginicum*	草本
萝卜	*Raphanus sativus*	草本、栽培
蝶形花科	**Fabaceae**	
落花生	*Arachis hypogaea*	草本、栽培
大豆	*Glycine max*	草本、栽培

中文名	拉丁名	生活型
野大豆	*Glycine soja*	草本
绿豆	*Vigna radiata*	草本、栽培
长豇豆	*Vigna unguiculata* subp. *sesquipedalis*	草本、栽培
豇豆	*Vigna unguiculata*	草本、栽培
大戟科	**Euphorbiaceae**	
铁苋菜	*Acalypha australis*	草本
泽漆	*Euphorbia helioscopia*	草本
伞形科	**Apiaceae**	
芫荽	*Coriandrum sativum*	草本、栽培
胡萝卜	*Daucus carota* var.*sativa*	草本、栽培
茄科	**Solanaceae**	
辣椒	*Capsicum annuum*	草本、栽培
龙葵	*Solanum nigrum*	草本
唇形科	**Labiatae**	
益母草	*Leonurus japonicus*	草本
玄参科	**Scrophulariaceae**	
通泉草	*Mazus japonicus*	草本
茜草科	**Rubiaceae**	
猪殃殃	*Galium aparine* var. *tenerum*	草本
菊科	**Compositae**	
管状花亚科	**Carduoideae**	
钻叶紫菀	*Aster subulatus*	草本
婆婆针	*Bidens bipinnata*	草本
大狼耙草	*Bidens frondosa*	草本
刺儿菜	*Cirsium segetum*	草本
小蓬草	*Conyza canadensis*	草本
一年蓬	*Erigeron annuus*	草本
泥胡菜	*Hemistepta lyrata*	草本
旋覆花	*Inula japonica*	草本
舌状花亚科	**Cichorioideae**	
多裂翅果菊	*Pterocypsela laciniata*	草本
花叶滇苦菜	*Sonchus asper*	草本
黄鹌菜	*Youngia japonica*	草本
单子叶植物纲	**Monocotyledoneae**	

续表

中文名	拉丁名	生活型
莎草科	**Cyperaceae**	
香附子	*Cyperus rotundus*	草本
禾本科	**Poaceae**	
节节麦	*Aegilops tataschii*	草本
雀麦	*Bromus japonicus*	草本
狗牙根	*Cynodondactylon*	草本
马唐	*Digitariasanguinalis*	草本
狗尾草	*Setaria viridis*	草本
大狗尾草	*Setaria faberii*	草本
高粱	*Sorghum nervosum*	草本、栽培
小麦	*Triticum aestivum*	草本、栽培
玉蜀黍	*Zea mays*	草本、栽培
百合科	**Liliaceae**	
葱	*Allium fistulosum*	草本、栽培

附录 3 研究区域底栖无脊椎动物名录

分类单元	塘 1	塘 2	塘 3	塘 4	塘 5	塘 6	塘 7	塘 8	塘 9
线虫动物门 Nematoda									
线虫纲 Nematodae									
线虫一种 Nematodae sp.	+	+	+	+					
环节动物门 Annelida									
寡毛纲 Oligochaeta									
颤蚓科 Tubificidae									
霍甫水丝蚓 Limnodrilus hoffmeisteri	+	+	+	+	+	+	+	+	+
苏氏尾鳃蚓 Branchiura sowerbyi	+	+	+	+	+	+	+	+	+
管水蚓属一种 Aulodrilus sp.									+
蛭纲 Hirudinea									
舌蛭科 Glossiphonidae									
宽身舌蛭 Glossiphonia lata			+				+		
水蛭科 Hirudinidae									
宽体金线蛭 Whitmania pigra	+		+	+	+	+	+		
软体动物门 Mollusca									
腹足纲 Gastropoda									
田螺科 Viviparidae									
中国圆田螺 Cipangopaludina chinensis								+	
梨形环棱螺 Bellamya purificata		+		+				+	+
豆螺科 Bithyniidae									
纹沼螺 Parafossarulus striatulus		+						+	+
长角涵螺 Alocinma longicornis				+				+	
肋蜷科 Pleuroceridae									
方格短沟蜷 Semisulcospira cancellata									
膀胱螺科 Physidae									
尖膀胱螺 Physa acuta	+				+	+	+		+
椎实螺科 Lymnaeidae									
狭萝卜螺 Radix lagotis	+		+		+	+	+	+	+

续表

分类单元	塘1	塘2	塘3	塘4	塘5	塘6	塘7	塘8	塘9
椭圆萝卜螺 *Radix swinhoei*	+		+		+				
小土蜗 *Galba pervia*					+		+	+	+
截口土蜗 *Galba turncatula*							+		
扁卷螺科 Planorbidae									
尖口圆扁螺 *Hippeutis cantori*					+	+	+	+	+
大脐圆扁螺 *Hippeutis umibilicalis*					+		+	+	+
凸旋螺 *Gyraulus convexiusculus*	+					+	+	+	+
扁旋螺 *Golba compressus*							+	+	+
半球多脉扁螺 *Polypylis hemisphaerula*									+
双壳纲 Bivalvia									
蚌科 Unionidae									
背角无齿蚌 *Anodonta woodiana*			+						
褶纹冠蚌 *Cristaria plicata*			+	+					
蚬科 Corbiculidae									
河蚬 *Corbicula fluminea*				+					
节肢动物门 Arthropoda									
昆虫纲 Insecta									
双翅目 Diptera									
摇蚊科 Chironomidae									
摇蚊属一种 *Chironomus* sp.	+	+	+	+	+	+	+	+	+
羽摇蚊 *Chironomus plumosus*	+	+	+	+	+	+	+	+	+
隐摇蚊属一种 *Cryptotendipes* sp.				+					
雕翅摇蚊属一种 *Glyptotendipes* sp.	+	+	+	+	+	+	+	+	+
水摇蚊属一种 *Hydrobaenus* sp.									+
多足摇蚊属一种 *Polypedilum* sp.	+	+			+	+	+	+	+
长跗摇蚊属一种 *Tanytarsus* sp.			+					+	+
齿斑摇蚊属一种 *Stictochironomus* sp.							+		
环足摇蚊属一种 *Cricontopus* sp.				+	+		+	+	
恩非摇蚊属一种 *Einfeldia* sp.	+	+	+	+	+	+		+	+
二叉摇蚊属一种 *Dicrotendipes* sp.	+		+					+	+
菱跗摇蚊属一种 *Clinotarypus* sp.					+				
刀突摇蚊属一种 *Psectrocladius* sp.					+				+
内摇蚊属一种 *Endochironomus* sp.								+	+
前突摇蚊属一种 *Procladius* sp.	+	+	+		+	+	+		+

续表

分类单元	塘1	塘2	塘3	塘4	塘5	塘6	塘7	塘8	塘9
直突摇蚊属一种 *Orthocladius* sp.					+		+		+
无突摇蚊属一种 *Ablabesmyia* sp.									+
间摇蚊属一种 *Paratendipes* sp.					+				
毛突摇蚊属一种 *Chaetocladius* sp.					+				
枝角摇蚊属一种 *Cladopelma* sp.					+		+		
寡角摇蚊属一种 *Diamesa* sp.							+		
特维摇蚊属一种 *Tvetenia* sp.						+	+		+
长足摇蚊属一种 *Tanypus* sp.	+	+	+	+	+	+	+		+
裸须摇蚊属一种 *Propsilocerusi* sp.	+	+	+	+	+	+	+	+	
库蠓属一种 *Culicoides* sp.		+	+	+					
家蝇 *Musca domestica*				+					+
大蚊科一种 *Tipulidae* sp.				+	+				
毛翅目 Trichoptera									
石蛾属一种 *Phryganeidae* sp.				+	+		+		
蜻蜓目 Odonata									
春蜓属一种 *Gomphus* sp.				+	+	+	+		+
大蜓科一种 *Cordulegastridae* sp.	+								
蜓属一种 *Aeshna* sp.						+	+	+	+
尾蜓属一种 *Anax* sp.	+		+		+	+		+	+
蜻科一种 *Libellulidae* sp.	+			+	+	+	+	+	+
螅科一种 *Coenagrionidae* sp.	+					+	+	+	+
丝螅属一种 *Lestes* sp.									+
二色瘦螅 *Ischnura Iasata*									+
赭细螅 *Acragrion hisopa*	+					+	+	+	+
半翅目 Hemiptera									
田鳖科一种 *Belostomatidae* sp.					+				
负子蝽 *Diplony chusesakii kirkaldyia deyrollei*	+						+		
划蝽科一种 *Corixidae* sp.	+				+	+	+	+	+
鞘翅目 Coleoptera									+
中华真龙虱 *Cybrster chinensis*					+		+	+	+
圆脸粒龙虱 *Laccophilus difficillis*			+		+		+	+	
青步甲属一种 *Chlaenius* sp.	+							+	
邵氏长泥甲 *Heterocerus sauteri*									+
长泥甲科一种 *Heteroceridae* sp.							+	+	

续表

分类单元	塘 1	塘 2	塘 3	塘 4	塘 5	塘 6	塘 7	塘 8	塘 9
水龟甲科一种 *Hydrophilidae* sp.								+	
蜉蝣目 Ephemeroptera									
短丝蜉属一种 *Siphlonurus* sp.									+
四节蜉属一种 *Baetis* sp.	+	+				+	+	+	+
十足目 Decapoda					+				
中华小长臂虾 *Palaemonetes sinensis*			+		+				
克氏原螯虾 *Procambarus clarkii*				+					

附录4 研究区域鸟类名录

中文名	学名	居留类型	区系从属	保护类型	IUCN 等级
1. 鸡形目	**GALLIFORMES**				
（1）雉科	**Phasianidae**				
鹌鹑	*Coturnix japonica*	P	广布型	⊙	NT
雉鸡	*Phasianus colchicus*	R	广布型		LC
2. 雁形目	**ANSERIFORMES**				
（2）鸭科	**Anatidae**				
豆雁	*Anser fabalis*	W	古北型	⊙	LC
灰雁	*Anser anser*	P	古北型		LC
白额雁	*Anser albifrons*	P	全北型	II ⊙	LC
小天鹅	*Cygnus columbianus*	P	全北型	II ⊙	LC
赤麻鸭	*Tadorna ferruginea*	W	古北型	⊙	LC
鸳鸯	*Aix galericulata*	P	季风型		LC
赤膀鸭	*Anas strepera*	P	古北型	⊙	LC
罗纹鸭	*Anas falcata*	W	东北型	⊙	NT
绿头鸭	*Anas platyrhynchos*	W	全北型	⊙	LC
琵嘴鸭	*Anas clypeata*	P	全北型	⊙◎	LC
白眉鸭	*Anas querquedula*	P	古北型	⊙◎	LC
花脸鸭	*Anas formosa*	P	东北型		LC
红头潜鸭	*Aythya ferina*	P	全北型		LC
青头潜鸭	*Aythya baeri*	W	东北型	⊙	CR
白眼潜鸭	*Aythya nyroca*	P	广布型		NT
凤头潜鸭	*Aythya fuligula*	W	全北型	⊙	LC
斑嘴鸭	*Anas zonorhyncha*	P	东洋型		LC
绿翅鸭	*Anas crecca*	W	全北型	⊙	LC
3. 䴙䴘目	**PODICIPEDIFORMES**				
（3）䴙䴘科	**Podicipedidae**				
小䴙䴘	*Tachybaptus ruficollis*	R	东洋型		LC
凤头䴙䴘	*Podiceps cristatus*	R	古北型	⊙	LC

续表

中文名	学名	居留类型	区系从属	保护类型	IUCN 等级
4. 鹳形目	**CICONIIFORMES**				
（4）鹭科	**Ardeidae**				
夜鹭	*Nycticorax nycticorax*	S	广布型	⊙	LC
池鹭	*Ardeola bacchus*	S	东洋型		LC
苍鹭	*Ardea cinerea*	S	古北型		LC
草鹭	*Ardea purpurea*	S	古北型	⊙	LC
大白鹭	*Ardea alba*	S	广布型	⊙◎	LC
白鹭	*Egretta garzetta*	S	东洋型		LC
大麻鳽	*Botaurus stellaris*	S	古北型		LC
黄苇鳽	*Ixobrychus sinensis*	P	东洋型	⊙◎	LC
5. 鹈形目	**PELECANIFORMES**				
（5）鸬鹚科	**Phalacrocoracidae**				
普通鸬鹚	*Phalacrocorax carbo*	S	广布型		LC
6. 隼形目	**FALCONIFORMES**				
（6）鹗科	**Pandionidae**				
鹗	*Pandion haliaetus*	P	全北型	Ⅱ	LC
（7）鹰科	**Accipitridae**				
黑翅鸢	*Elanus caeruleus*	P	东洋型	Ⅱ	LC
白尾鹞	*Circus cyaneus*	P	全北型	Ⅱ⊙	LC
白腹鹞	*Circus spilonotus*	W	东北型	Ⅱ	LC
普通鵟	*Buteo japonicus*	P	古北型	Ⅱ	LC
雀鹰	*Accipiter nisus*	W	古北型	Ⅱ	LC
（8）隼科	**Falconidae**				
红隼	*Falco tinnunculus*	R	广布型	Ⅱ	LC
燕隼	*Falco subbuteo*	P	古北型	Ⅱ⊙	LC
红脚隼	*Falco amurensis*	P	古北型	Ⅱ	LC
游隼	*Falco peregrinus*	P	全北型	Ⅱ	LC
7. 鹤形目	**GRUIFORMES**				
（9）秧鸡科	**Rallidae**				
白胸苦恶鸟	*Amaurornis phoenicurus*	S	东洋型		LC
黑水鸡	*Gallinula chloropus*	S	广布型	⊙	LC
骨顶鸡	*Fulica atra*	W	广布型		LC
普通秧鸡	*Rallus indicus*	P	古北型	⊙	LC

191

续表

中文名	学名	居留类型	区系从属	保护类型	IUCN 等级
小田鸡	*Porzana pusilla*	P	广布型	⊙	LC
8. 鸻形目	**CHARADRIIFORMES**				
（10）反嘴鹬科	**Recurvirostridae**				
黑翅长脚鹬	*Himantopus himantopus*	S	广布型	⊙	LC
（11）鸻科	**Charadriidae**				
凤头麦鸡	*Vanellus vanellus*	P	古北型	⊙	NT
金眶鸻	*Charadrius dubius*	S	广布型	◎	LC
环颈鸻	*Charadrius alexandrinus*	S	广布型		LC
金斑鸻	*Pluvialis fulva*	P	全北型	⊙	LC
东方鸻	*Charadrius veredus*	P	中亚型		LC
（12）鹬科	**Scolopacidae**				
扇尾沙锥	*Gallinago gallinago*	P	古北型	⊙	LC
鹤鹬	*Tringa erythropus*	P	古北型	⊙	LC
青脚鹬	*Tringa nebularia*	P	古北型	⊙◎	LC
白腰杓鹬	*Numenius arquata*	P	古北型	⊙	NT
弯嘴滨鹬	*Calidris ferruginea*	P	古北型	⊙◎	NT
泽鹬	*Tringa stagnatilis*	P	古北型	⊙◎	LC
白腰草鹬	*Tringa ochropus*	P	古北型	⊙	LC
矶鹬	*Actitis hypoleucos*	S	全北型	⊙◎	LC
（13）鸥科	**Laridae**				
红嘴鸥	*Chroicocephalus ridibundus*	W	古北型		LC
普通燕鸥	*Sterna hirundo*	S	全北型	⊙◎	LC
9. 鸽形目	**COLUMBIFORMES**				
（14）鸠鸽科	**Columbidae**				
山斑鸠	*Streptopelia orientalis*	R	季风型		LC
珠颈斑鸠	*Spilopelia chinensis*	R	东洋型		LC
火斑鸠	*Streptopelia tranquebarica*	S	东洋型		LC
10. 鹃形目	**CUCULIFORMES**				
（15）杜鹃科	**Cuculidae**				
大杜鹃	*Cuculus canorus*	S	广布型	⊙	LC
11. 佛法僧目	**CORACIIFORMES**				
（16）翠鸟科	**Alcedinidae**				
斑鱼狗	*Ceryle rudis*	S	广布型		LC
普通翠鸟	*Alcedo atthis*	R	广布型		LC

续表

中文名	学名	居留类型	区系从属	保护类型	IUCN 等级
12. 戴胜目	**UPUPIFORMES**				
（17）戴胜科	**Upupidae**				
戴胜	*Upupa epops*	R	广布型		LC
13. 䴕形目	**PICIFORMES**				
（18）啄木鸟科	**Picidae**				
星头啄木鸟	*Dendrocopos canicapillus*	R	东洋型		LC
大斑啄木鸟	*Dendrocopos major*	R	古北型		LC
灰头绿啄木鸟	*Picus canus*	R	古北型		LC
14. 雀形目	**PASSERIFORMES**				
（19）伯劳科	**Laniidae**				
红尾伯劳	*Lanius cristatus*	P	东北-华北型	⊙	LC
棕背伯劳	*Lanius schach*	R	东洋型		LC
楔尾伯劳	*Lanius sphenocercus*	W	东北型		LC
（20）卷尾科	**Dicruridae**				
黑卷尾	*Dicrurus macrocercus*	S	东北型		LC
（21）鸦科	**Corvidae**				
喜鹊	*Pica pica*	R	全北型		LC
灰喜鹊	*Cyanopica cyanus*	R	古北型		LC
小嘴乌鸦	*Corvus corone*	P	全北型		LC
（22）山雀科	**Paridae**				
大山雀	*Parus major*	R	广布型		LC
（23）攀雀科	**Remizidae**				
中华攀雀	*Remiz consobrinus*	R	古北型		LC
（24）百灵科	**Alaudidae**				
云雀	*Alauda arvensis*	P	古北型		LC
小云雀	*Alauda gulgula*	P	东洋型		LC
（25）鹎科	**Pycnonotidae**				
白头鹎	*Pycnonotus sinensis*	R	东洋型		LC
（26）燕科	**Hirundinidae**				
家燕	*Hirundo rustica*	S	全北型	⊙◎	LC
金腰燕	*Cecropis daurica*	S	广布型	⊙	LC
（27）长尾山雀科	**Aegithalidae**				
银喉长尾山雀	*Aegithalos glaucogularis*	R	古北型		LC
（28）莺科	**Sylviidae**				

续表

中文名	学名	居留类型	区系从属	保护类型	IUCN 等级
褐柳莺	*Phylloscopus fuscatus*	P	东北型		LC
黄腰柳莺	*Phylloscopus proregulus*	P	古北型		LC
黄眉柳莺	*Phylloscopus inornatus*	P	古北型	⊙	LC
冕柳莺	*Phylloscopus coronatus*	S	东北型	⊙	LC
东方大苇莺	*Acrocephalus orientalis*	S	东洋型		—
大苇莺	*Acrocephalus arundinaceus*	S	广布型	⊙◎	LC
（29）鸦雀科	**Paradoxornithidae**				
震旦鸦雀	*Paradoxornis heudei*	R	季风型		NT
棕头鸦雀	*Sinosuthora webbiana*	R	东洋型		LC
（30）扇尾莺科	**Cisticolidae**				
棕扇尾莺	*Cisticola juncidis*	P	广布型		LC
（31）椋鸟科	**Sturnidae**				
丝光椋鸟	*Spodiopsar sericeus*	P	东北-华北型		LC
灰椋鸟	*Spodiopsar cineraceus*	R	东北-华北型		LC
（32）鸫科	**Turdidae**				
斑鸫	*Turdus eunomus*	S	东北型	⊙	—
乌鸫	*Turdus merula*	R	广布型		LC
（33）鹟科	**Muscicapidae**				
鹊鸲	*Copsychus saularis*	R	东洋型		LC
北红尾鸲	*Phoenicurus auroreus*	S	东北型	⊙	LC
红胁蓝尾鸲	*Tarsiger cyanurus*	P	古北型	⊙	LC
红尾水鸲	*Rhyacornis fuliginosa*	P	东洋型		LC
黑喉石䳭	*Saxicola maurus*	P	广布型	⊙	—
（34）雀科	**Passeridae**				
麻雀	*Passer montanus*	R	古北型		LC
（35）鹡鸰科	**Motacillidae**				
黄鹡鸰	*Motacilla tschutschensis*	P	古北型	⊙◎	LC
灰鹡鸰	*Motacilla cinerea*	P	古北型	◎	LC
白鹡鸰	*Motacilla alba*	R	广布型	⊙◎	LC
树鹨	*Anthus hodgsoni*	P	东北型	⊙	LC
水鹨	*Anthus spinoletta*	P	全北型	⊙	LC
红喉鹨	*Anthus cervinus*	W	古北型	⊙	LC
（36）燕雀科	**Fringillidae**				
燕雀	*Fringilla montifringilla*	W	古北型	⊙	LC

中文名	学名	居留类型	区系从属	保护类型	IUCN 等级
普通朱雀	*Carpodacus erythrinus*	P	古北型	⊙	LC
金翅雀	*Carduelis sinica*	R	东北型		LC
黑尾蜡嘴雀	*Eophona migratoria*	P	东北型	⊙	LC
（37）鹀科	**Emberizidae**				
三道眉草鹀	*Emberiza cioides*	R	东北型		LC
小鹀	*Emberiza pusilla*	W	全北型	⊙	LC
黄眉鹀	*Emberiza chrysophrys*	P	东北型		LC
栗耳鹀	*Emberiza fucata*	P	东北型		LC
田鹀	*Emberiza rustica*	W	全北型	⊙	LC
黄喉鹀	*Emberiza elegans*	P	东北型	⊙	LC
灰头鹀	*Emberiza spodocephala*	P	东北型	⊙	LC
苇鹀	*Emberiza pallasi*	P	东北型	⊙	LC
红颈苇鹀	*Emberiza yessoensis*	P	东北型		NT

注：居留型："R"为留鸟，"P"为旅鸟，"S"为夏候鸟，"W"为冬候鸟；保护类型："Ⅱ"为国家二级保护动物，"○"为中日候鸟保护协定鸟类，"◎"为中澳候鸟保护协定鸟类。IUCN 红色名录等级：CR 为极危（critically endangered），EN 为濒危（endangered），VU 为易危 （vulnerable），NT 为近危（near threatened），LC 为低度关注 （least concern），—为未评估。

附录 5　研究区域典型湿地生境鸟类种类及优势度等级

中文名	学名	水域	湿地植物群落	滩涂
鹌鹑	*Coturnix japonica*		++	
雉鸡	*Phasianus colchicus*		++	
小天鹅	*Cygnus columbianus*	++	++	
赤膀鸭	*Anas strepera*		++	
琵嘴鸭	*Anas clypeata*		++	
红头潜鸭	*Aythya ferina*	+++		
青头潜鸭	*Aythya baeri*	+++	++	
白眼潜鸭	*Aythya nyroca*	+++	++	
凤头潜鸭	*Aythya fuligula*	+++		
斑嘴鸭	*Anas zonorhyncha*	+++	+++	+++
绿翅鸭	*Anas crecca*		++++	
小䴙䴘	*Tachybaptus ruficollis*	++++	+++	
凤头䴙䴘	*Podiceps cristatus*	+++	++	
夜鹭	*Nycticorax nycticorax*		++	
池鹭	*Ardeola bacchus*	++		++
苍鹭	*Ardea cinerea*	++		
草鹭	*Ardea purpurea*	+	++	
大白鹭	*Ardea alba*	+		++
白鹭	*Egretta garzetta*	+++		+++
大麻鳽	*Botaurus stellaris*		++	
黄苇鳽	*Ixobrychus sinensis*	++	++	
白尾鹞	*Circus cyaneus*		++	
普通鵟	*Buteo japonicus*		++	
红隼	*Falco tinnunculus*		++	
红脚隼	*Falco amurensis*		++	
黑水鸡	*Gallinula chloropus*	+++	+++	+++

续表

中文名	学名	水域	湿地植物群落	滩涂
骨顶鸡	*Fulica atra*	++++	+++	
黑翅长脚鹬	*Himantopus himantopus*	++		++++
金眶鸻	*Charadrius dubius*	++	++	++++
环颈鸻	*Charadrius alexandrinus*			+++
金斑鸻	*Pluvialis fulva*			++
东方鸻	*Charadrius veredus*			++
扇尾沙锥	*Gallinago gallinago*		++	++++
青脚鹬	*Tringa nebularia*			++
泽鹬	*Tringa stagnatilis*			+++
白腰草鹬	*Tringa ochropus*		++	
矶鹬	*Actitis hypoleucos*			++
普通燕鸥	*Sterna hirundo*	+++	+++	
山斑鸠	*Streptopelia orientalis*		+++	+++
大杜鹃	*Cuculus canorus*		+++	++
普通翠鸟	*Alcedo atthis*	+	++	
戴胜	*Upupa epops*		+++	+++
棕背伯劳	*Lanius schach*		++	
楔尾伯劳	*Lanius sphenocercus*	+		
喜鹊	*Pica pica*	++	+++	+++
小云雀	*Alauda gulgula*		+++	
白头鹎	*Pycnonotus sinensis*		++	
家燕	*Hirundo rustica*	+++	+++	++++
东方大苇莺	*Acrocephalus orientalis*		+++	+++
棕头鸦雀	*Sinosuthora webbiana*		++	
棕扇尾莺	*Cisticola juncidis*		++++	
灰椋鸟	*Spodiopsar cineraceus*	+++	+++	++++
北红尾鸲	*Phoenicurus auroreus*		++	
黑喉石鵖	*Saxicola maurus*		++	
麻雀	*Passer montanus*		++++	+++
灰鹡鸰	*Motacilla cinerea*			++
白鹡鸰	*Motacilla alba*	+	++	+++

续表

中文名	学名	水域	湿地植物群落	滩涂
红喉鹨	*Anthus cervinus*			++
金翅雀	*Carduelis sinica*		+++	
小鹀	*Emberiza pusilla*	++	+++	
灰头鹀	*Emberiza spodocephala*		++	
苇鹀	*Emberiza pallasi*		+++	
红颈苇鹀	*Emberiza yessoensis*		++	

图　版

一、采煤塌陷区新生湿地常见植物群落

穗状狐尾藻（*Myriophyllum spicatum*）

莲（*Nelumbo nucifera*）

大狼耙草（*Bidens frondosa*）

莲子草（*Alternanthera sessilis*）

喜旱莲子草（*Alternanthera philoxeroides*）

假稻（*Leersia japonica*）

头状穗莎草（*Cyperus glomeratus*）

剑苞藨草（*Scirpus ehrenbergii*）

山东白鳞莎草（*Cyperus shandongense*）

大茨藻（*Najas marina*）

篦齿眼子菜（*Potamogeton pectinatus*）

黑藻（*Hydrocharis verticillata*）

褐穗莎草（*Cyperus fuscus*）

五刺金鱼藻（*Ceratophyllum oryzetorum*）

高秆莎草（*Cyperus exaltatus*）

牛鞭草（*Hemarthria altissima*）

满江红（*Azolla imbricate*）

睡莲（*Nymphaea tetragona*）

紫萍（*Spirodela polyrrhiza*）

水鳖（*Hydrocharis dubia*）

芦苇（*Phragmites australis*）

水莎草（*Juncellus serotinus*）

旋鳞莎草（*Cyperus michelianus*）

石龙芮（*Ranunculus sceleratus*）

萹蓄（*Polygonum aviculare*）

扁秆藨草（*Scirpus planiculmis*）

苹（*Marsilea quadrifolia*）

篦齿眼子菜（*Potamogeton pectinatus*）

水芹（*Oenanthe javanica*）

香附子（*Cyperus rotundus*）

洮南灯心草（*Juncus taonanen*）　　　　　菹草（*Potamogeton crispus*）

二、采煤塌陷区新生湿地常见底栖无脊椎动物种类

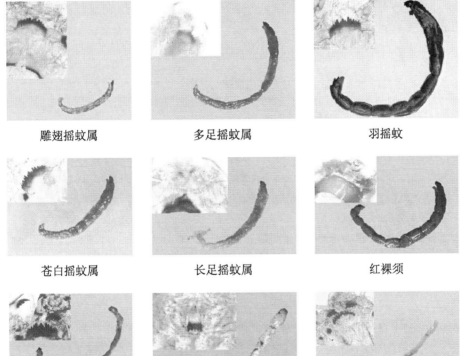

雕翅摇蚊属　　　　　　多足摇蚊属　　　　　　羽摇蚊

苍白摇蚊属　　　　　　长足摇蚊属　　　　　　红裸须

内三叶摇蚊属　　　　　前突摇蚊属　　　　　　长跗摇蚊属

霍甫水丝蚓

苏氏尾鳃蚓

扁蛭

叶甲科

二色瘦蟌

赭细蟌

泽蛭属

宽体金线蛭

蜓科

蜻科

田鳖科 负子蝽

龙虱

褶纹冠蚌　　　　　　背角无齿蚌　　　　　　蚶形无齿蚌

环棱螺　　　　　　　中国圆田螺　　　　　　河蚬

纹沼螺　　　　　　　狭萝卜螺　　　　　　尖膀胱螺

尖口圆扁螺　　　　　　　　大脐圆扁螺

光滑狭口螺　　　　　　　　方格短沟蜷